国家中等职业教育改革发展示范学校建设项目成果
国家中等职业教育改革发展示范学校建设系列教材

# 物流机械设备

WULIUJIXIE
SHEBEI

钟　声　夏宇阳　陈福月◎主编

西南交通大学出版社
·成都·

图书在版编目（CIP）数据

物流机械设备 / 钟声，夏宇阳，陈福月主编. —成都：西南交通大学出版社，2014.3
国家中等职业教育改革发展示范学校建设系列教材
ISBN 978-7-5643-2955-6

Ⅰ. ①物… Ⅱ. ①钟… ②夏… ③陈… Ⅲ. ①物流－机械设备－中等专业学校－教材 Ⅳ. ①TH2

中国版本图书馆 CIP 数据核字（2014）第 038220 号

国家中等职业教育改革发展示范学校建设系列教材
物流机械设备
钟 声 夏宇阳 陈福月 主编

| | |
|---|---|
| 责任编辑 | 王 旻 |
| 封面设计 | 墨创文化 |
| 出版发行 | 西南交通大学出版社<br>（成都二环路北一段 111 号） |
| 发行部电话 | 028-87600564 87600533 |
| 邮政编码 | 610031 |
| 网 址 | http：//press.swjtu.edu.cn |
| 印 刷 | 四川川印印刷有限公司 |
| 成品尺寸 | 185 mm × 260 mm |
| 印 张 | 12 |
| 字 数 | 295 千字 |
| 版 次 | 2014 年 3 月第 1 版 |
| 印 次 | 2014 年 3 月第 1 次 |
| 书 号 | ISBN 978-7-5643-2955-6 |
| 定 价 | 26.00 元 |

# 四川交通运输职业学校<br>国家中等职业教育改革发展示范学校建设<br>系列教材编写委员会

# 总　序

中等职业教育是我国教育体系的重要组织部分，是全面提高国民素质、增强民族产业发展实力、提升国家核心竞争力、构建和谐社会以及建设人力资源强国的基础性工程。为大力推进中等职业教育改革创新，全面提高办学质量，2010—2013 年，国家组织实施中等职业教育改革发展示范学校建设计划，中央财政重点支持 1 000 所中等职业学校改革创新，我校是第二批示范校建设单位之一。在近两年的示范建设过程中，我们与西南交通大学出版社合作开发了 28 本示范建设教材，且有 17 本即将公开出版，这是我校示范校建设取得的重要成果，也是弘扬学校特色和品牌的很好载体。

呈现在大家面前的这套系列教材，反映了我校近年教学科研工作的阶段性成果。从课程来源看，不仅有学校 4 个重点建设专业（道路与桥梁工程施工专业、汽车运用与维修专业、物流服务与管理专业、工程机械运用与维修专业）的课程，也有公共基础课程；从教材形态看，又可以分为两类：一是以知识性内容为主、兼顾实践性活动、培养学生综合素质的理实一体化教材；二是以学生实践为主的实训操作手册。教材的编写过程倾注了编者大量的心血，融入了作者独到的见解和心得，更是各专业科室集体智慧的结晶。

这套教材的开发，在学生学习状态分析的基础上，根据技能型人才培养的实际需要，积极实现职业岗位与专业教学的有机结合。这 17 本教材比较准确地把握了专业课程的特征，具备了一定的理论水平，突出了实践性、活动性，符合新课程理念，对我校课程建设将会产生深远的影响，对学生全面健康成长也会产生积极的作用，对创新中职学校人才培养模式与课程体系改革将起到引领和示范作用。

在内容上，这套教材有如下特点：一是对于基础知识教学以“必需、够用”为度，以讲清概念、强化应用为教学重点。二是根据职业岗位需求，基于工作过程为线索来组织写作思路。三是方法具体，基本技能可操作性强。四是表达简洁，图文并茂，形式生动活泼，学生易于理解、掌握和实践。

由于时间紧迫，编者理论和实践能力水平有限，书中难免存在一些不足和缺点，需要进一步修改、完善和充实。我们希望老师和同学们提出宝贵意见，希望读者和专家给予帮助指导，使之日臻完善！

**四川交通运输职业学校**
**国家中等职业教育改革发展示范学校建设**
**系列教材编写委员会**
2014 年 2 月

# 前　言

随着我国物流行业的快速发展，物流机械设备的产销量越来越大，社会对物流机械设备使用人员的要求也越来越高。为了更好地开展对物流机械设备使用人员的教学及培训工作，培养具有一定专业技术水平的使用、维护人员，特编写此书。

本书改变了原有的以学科为主线的课程模式，而是构建以岗位能力为本位的专业课程新体系。本着“积极稳妥、科学谨慎、务实创新”的原则，对相关行业、企业的人才结构现状、专业发展趋势、人才需求状况、职业岗位群对知识技能的需求进行了系统的调研，并在此基础上，确定了教学内容。

本书在编写过程中，遵循“理论够用、突出技能、易教易学”的原则，结合中职学校学生的实际，采用任务引领的项目教学法。全书分为15个学习任务，每个学习任务以“学习任务描述——理论准备——实践操作——评价与反馈——技能考核标准”为编写模式，突出了技能培养。

本书由四川交通运输职业学校钟声、夏宇阳、陈福月担任主编，限于编者的经历与水平，书中难免有不妥或错误之处，敬请广大读者批评指正，提出修改意见和建议，以便修订再版时改正。

编　者

2014年1月

# 目　录

# 学习任务一　托盘的使用与维护

## 一、学习任务描述

| 任务名称 | 托盘的使用与维护 | 任务编号 | 1 | 课时 | 6 |
|---|---|---|---|---|---|
| 学习目标 | 1. 了解托盘的概念与分类<br>2. 掌握托盘的正确选择<br>3. 掌握托盘的正确使用方法 | | | | |
| 考评方式 | 按技能考核标准进行考核 | | | | |
| 教学组织方式 | 1. 理论准备<br>2. 实践操作<br>3. 工作页<br>4. 评价与反馈 | | | | |
| 情境问题 | 小陈是一名仓储管理员，现有一批货物需装上托盘并码放、紧固，他该怎么做? | | | | |

## 二、理论准备

### 1. 托盘的定义

托盘是在运输、搬运和存储过程中，将物品规整为货物单元时，作为承载面并包括承载面上辅助结构件的装置。托盘是为了使货物有效地装卸、运输、保管，将其按一定数量组合放置于一定形状的台面上，这种台面有供叉车插入并将其托起的叉入口。以这种结构为基本结构的平台和在这种基本结构上形成的各种形式的集装器具均可称为托盘。托盘的出现也促进了集装箱和其他集装方式的形成和发展。托盘已成为和集装箱一样重要的集装方式，形成了集装系统的两大支柱。

托盘给现代物流业带来的效益主要体现在：可以实现物品包装的单元化、规范化和标准化，保护物品，方便物流和商流。托盘包装在国际贸易中已经使用了很多年，被认为是经济效益较高的运输包装方法之一，不仅可以简化包装，降低成本，使包装可靠，减少损失；而且易于机械化，节省人力，实现高层码垛，充分利用空间。托盘的结构如图 1.1 所示，托盘有以下主要特点。

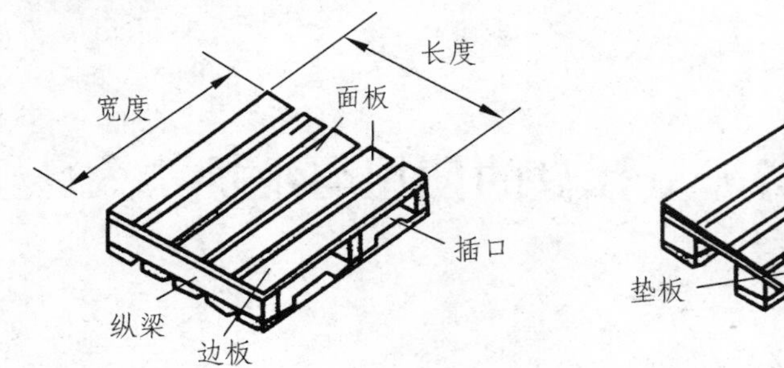


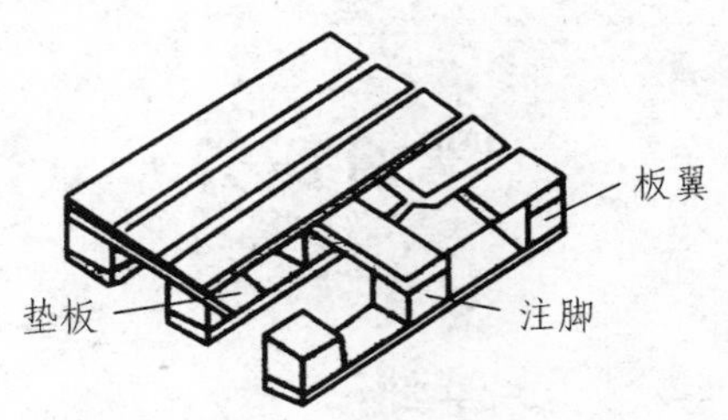


图 1.1 托盘的结构

（1）自重量小。托盘自重量小，所以用于装卸、运输托盘本身所消耗的劳动较小，无效运输及装卸相比集装箱要小。

（2）装盘容易。不需像集装箱那样深入到箱体内部，装盘后可采用捆扎、紧包等技术处理，使用简便。

（3）返空容易。由于托盘造价不高，又很容易互相代用，互以对方托盘抵补，所以无须像集装箱那样有固定归属者，返空比集装箱容易。

（4）具有一定的装载量。装载量虽较集装箱小，但也能集中一定数量，比一般包装的组合量大得多。

（5）保护性差。保护性比集装箱差，露天存放困难，需要有仓库等配套设施。

## 2. 托盘的分类

### 1）按托盘制造材料分类

（1）木托盘。木托盘（见图 1.2）是以天然木板为原料制造的托盘。通过对木板进行干燥定型处理，减少水分，消除内应力，然后进行切割、刨光、断头、抽边、砂光等精整加工处理而形成型材板块，采用具有防脱功能的射钉（个别情况采用螺栓连接）将型材板块装订成半成品托盘，最后进行精整、防滑处理和封蜡处理。木托盘是现在使用最广泛的托盘。

图 1.2 木托盘

（2）塑料托盘。塑料托盘（见图 1.3）是以工业塑料为原材料制造的托盘。与木托盘相比，塑料托盘具有质轻、平稳、美观、整体性好、无钉无刺、无味无毒、耐酸、耐碱、耐腐蚀、易冲洗消毒、无静电火花、可回收等优点，使用寿命是木托盘的 5 ~ 7 倍，是现代化运输、包装、仓储的重要工具，是国际上规定的用于水产品、医药、化学品等行业储存的必备器材。

图 1.3　塑料托盘

（3）纸托盘。纸托盘（见图 1.4）是以纸浆、纸板为原料加工制造的托盘。纸托盘环保、美观、耐用，专用于出口到环保要求严格的欧美、日本等国家的货物。纸托盘广泛应用于各行业，随着国际市场对包装物环保要求的日益提高，纸托盘能达到快速商检通关以实现快速物流的要求。

（4）钢托盘。钢托盘（见图 1.5）有镀锌钢板或烤漆钢板，具有可以回收再利用、轻量化、防水防潮及防锈、使用灵活（四方向的插入设计，无形中提高空间利用率和操作的方便性，而且坚固的底板设计也符合输送滚输和自动包装系统使用）等特点。特别是用于出口时，不需要熏蒸、高温消毒或者防腐处理。但相对于其他托盘，钢托盘价格昂贵。

图 1.4　纸托盘

图 1.5　钢托盘

（5）复合材料托盘。复合材料托盘是以复合材料加工制造的托盘。复合材料托盘坚固结实，承重力强、外形美观，可以承载任何出口产品。外观和性能大大优于过去曾大量使用的天然木质包装，有利于提高出口产品的档次，并且可以减少熏蒸商检等复杂的程序和手续，提高工作效率，促进外贸出口。它是目前出口包装物的最佳选择。

2）按托盘应用范围分类

（1）平托盘。在实际使用中，只要一提托盘，一般都是指平托盘（见图 1.6）。因为平托盘使用范围最广，使用数量最大，通用性最好。平托盘又可细分为 3 种类型。

图 1.6　平托盘

根据材料分类，平托盘主要有木制平托盘、钢制平托盘、塑料制平托盘、复合材料制平托盘以及纸制平托盘等。

根据台面分类，平托盘主要有单面形、单面使用型、双面使用型和翼型 4 种。

根据叉车叉入方式分类，平托盘主要有单向叉入型、双向叉入型、四向叉入型 3 种。

（2）柱式托盘。柱式托盘（见图 1.7）是在平托盘基础上发展起来的，特点是在不压货物的情况下可进行码垛（一般为四层），多用于包装物料、棒料管材等的集装。柱式托盘还可作为可移动的货架、货位，不用时还可叠套存放，节约空间。近年来，在国内外推广迅速。

（3）箱式托盘。箱式托盘（见图 1.8）是在平托盘基础上发展起来的，多用于散件或散状物料的集装，金属箱式托盘还用于热加工车间集装热料。一般下部可叉装，上部可吊装，并可进行码垛（一般为四层）。

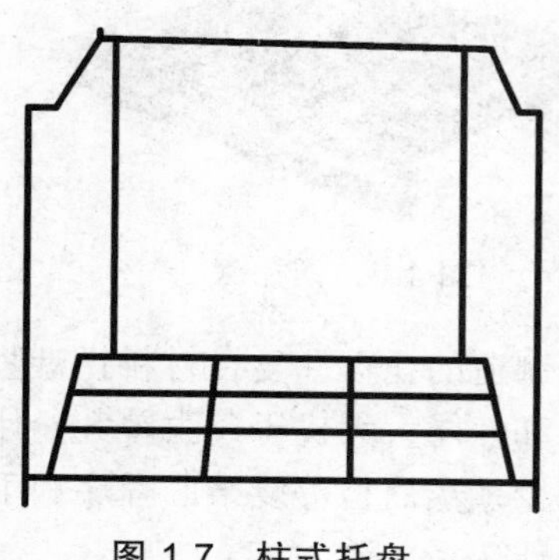

图 1.7　柱式托盘

图 1.8　箱式托盘

（4）轮式托盘。轮式托盘（见图 1.9）是依靠承载轮可进行自体载物移动的托盘，具有移动性好、使用方便等特点。

（5）特种专用托盘。是指应用于各种特殊环境的托盘。由于托盘作业效率高、安全稳定，在一些要求快速作业的场合，托盘的重要性尤其突出。油桶专用托盘如图 1.10 所示。

图 1.9 轮式托盘

图 1.10 油桶专用托盘

### 3. 托盘的标准化

托盘标准化直接影响物流标准化进程和现代物流产业的运作成本，托盘标准是物流产业最为基础的标准。物流的自动化和现代化也集中体现在物流技术标准及其手段与装备，而作为物流技术标准最基本的体现就是目前物流活动中广泛使用的托盘，如图 1.11 所示。

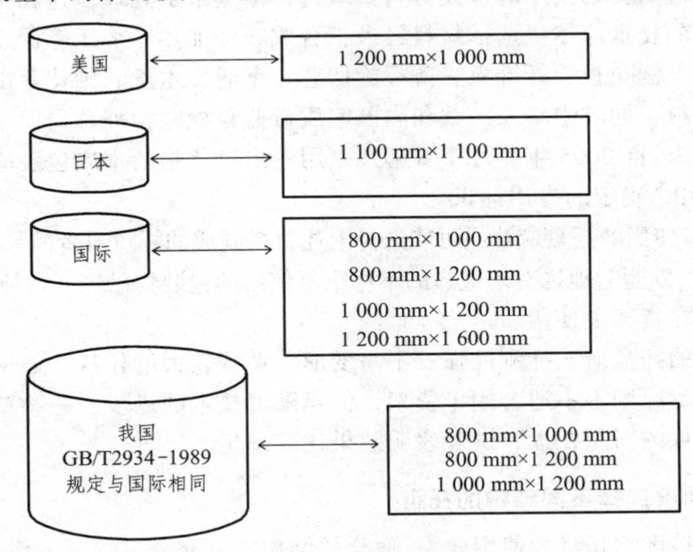


图 1.11 托盘的标准

因此，如果科学地选用托盘国际标准，就能保证各类企业最大限度地发挥现有物流设备的作业效率和存储空间，最大限度地发挥现有运载工具的载货效率，最大限度地节约物流器具、设备和设施的成本，不仅有利于降低物流成本，而且有利于调动大多数企业参与托盘标准化的积极性，将有力地推动托盘标准化的进程。

## 三、实践操作

### 1. 托盘的选择

#### 1）根据使用环境选择不同材质的托盘

（1）温度。不同材料的托盘有其正常发挥性能的温度范围，不同的使用温度将直接影响到托盘制造材料的选择。例如，塑料托盘的使用温度应控制在 −25～+40 °C，木托盘的使用范围则比较广泛，好的木质不受温度的影响。

（2）湿度。某些材料的托盘如木托盘和纸托盘有较强的吸湿性，应尽量避免用于潮湿的环境，否则将直接影响其使用寿命。

（3）清洁度。要考虑使用环境对托盘的污染程度。污染程度高的环境一定要选择耐污染、易于清洁的托盘，如木托盘、塑料托盘、钢托盘、复合材料托盘等。

（4）承载的货物对托盘材质的特殊要求。有时托盘承载的货物具有腐蚀性，或者承载的货物要求托盘有较高的清洁程度，此时要选择耐腐蚀性强的塑料托盘或经过处理的木质托盘。

#### 2）根据托盘的具体用途选择不同材质的托盘

（1）托盘承载的货物是否用于出口。

许多国家对于进口货物使用的包装材料要求进行熏蒸杀虫处理，这相当于增加了出口成本，因此用于出口的托盘应尽量选择材料经人工合成或经加热、加压等深度加工的包装用木质材料，如胶合板、刨花板、纤维板、薄板旋切芯、锯屑、木丝、刨花等以及厚度等于或小于 6 mm 的木质材料。同时中华人民共和国国家质量监督检验检疫总局、中华人民共和国海关总署等部门还要求，自 2005 年 3 月 1 日起凡是用于出口货物的木质包装应在出境前进行除害处理，并加施 IPPC 确定的专用标识。

因此，用于出口使用的托盘应该尽可能选择上述材料制成的托盘或者简易的塑料托盘、金属托盘。日本、韩国、欧盟等地区对于进口的不可重复使用的包装物已经开始征收废物处理费用。

（2）托盘是否在货架上使用。

用于货架堆放的托盘应选择刚性强、不易变形、动载较大的托盘，如钢制托盘和木质托盘。普通的塑料托盘原则上不适合用于货架，但是随着技术的进步，一些塑料托盘生产厂家开发出了含有嵌入件的新型托盘，试验表明效果比较理想。

#### 3）根据具体情况选择不同结构的托盘

托盘的结构直接影响托盘的使用效率，适合的结构能够充分发挥叉车作业效率高的特点。

（1）托盘作为地铺板使用，即托盘装载货物以后不再移动，只是起到防潮防水的作用，可选择结构简单、成本较低的托盘。如简易的木托盘或简易塑料托盘，但是使用时应该注意托盘的静载量。

（2）用于运输、搬运、装卸的托盘要选择强度高、动载大的托盘。这类托盘由于要反复使用并且要配合叉车使用，因此对托盘的强度要求较高，要求托盘的结构是田字形或者是川字形。

（3）根据托盘装载货物以后是否要堆垛来选择单面托盘还是双面托盘。单面托盘由于只有一个承载面，不适合用于堆垛，否则容易造成下层货物的损坏。转载货物后需要堆码的要尽量选择双面托盘。

（4）如果托盘是用在立体库的货架上，要考虑托盘的结构是否适合码放在货架上。通常由于只能从两个方向从货架上插取货物，因此用于货架上的托盘应该尽可能选用四面进叉的托盘，这样便于叉车叉取货物，提高工作效率。这样的托盘一般选择田字形的结构。

**4）选择合适尺寸的托盘**

（1）要考虑运输工具和运输装备的规格尺寸。

合适的托盘尺寸应该符合运输工具的尺寸，以充分利用运输工具的空间，节省运输费用，尤其要考虑集装箱和运输卡车的箱体的尺寸。

（2）要考虑托盘装载货物的包装规格。

根据托盘装载货物的包装规格选择合适的托盘，可以最大限度地利用托盘的表面积。合理的托盘尺寸可以达到80%的表面积利用率。

（3）要考虑托盘的使用区域。

装载货物的托盘的流向直接影响托盘尺寸的选择。通常去往欧洲的货物要选择1 200 mm×1 000 mm或1 200 mm×800 mm的托盘；去往日本、韩国的货物要选择1 100 mm×1 100 mm的托盘；去往澳洲的货物要选择1 140 mm×1 140 mm或1 067 mm×1 067 mm的托盘；发往美国的货物要选择40 in×48 in的托盘。

## 2. 托盘的正确使用

**1）不超过承载重量要求**

每个托盘的载重量应小于或等于所采用托盘承载重量要求，通常不得超过2 t。为了保证运输途中的安全，所载货物的重心高度，不应超过托盘宽度的2/3。

**2）合理确定码放方式**

根据货物的类型、托盘所载货物的质量和托盘的尺寸，合理确定货物在托盘上的码放方式。托盘的承载表面积利用率一般应不低于80%。

（1）堆码的方式。

① 重叠式（见图1.12）。即各层码放方式相同，上下对应。这种方式的优点是：员工操作速度快；各层堆叠后，包装物四个角和边重叠，能承受较大的荷重。其缺点是：稳定性差，容易发生塌垛。但在货体面积较大的情况下，采用这种方式可有足够的稳定性。一般情况下，重叠式堆码再配以各种紧固方式，不但能保持稳固，而且保留了装卸操作省力的优点。

② 纵横交错式（见图1.13）。这种堆码方式是指相邻两层货物的摆放旋转90°，一层呈横向放置，另一层呈纵向放置，层间有一定的啮合效果，但啮合强度不高。这种方式装盘也较简单。

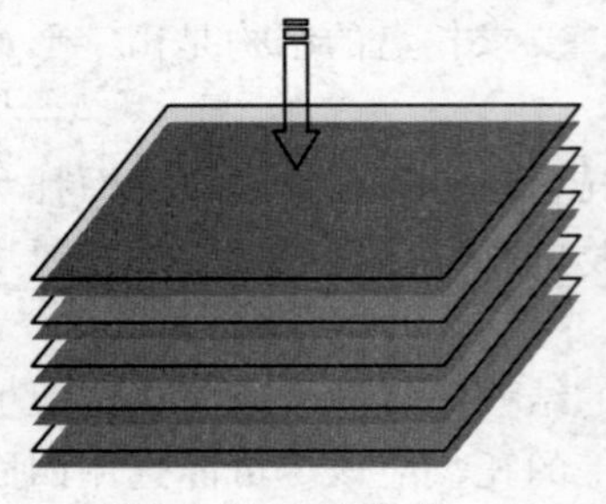

图 1.12　重叠式

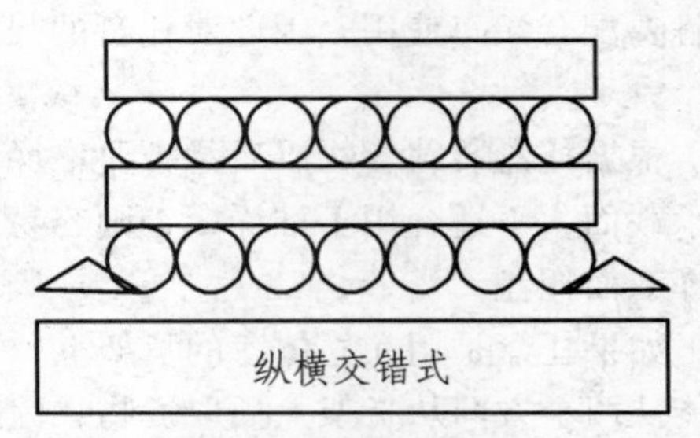


图 1.13　纵横交错式

③ 正反交错式（见图 1.14）。这种堆码方式是指同一层中，不同列的货物 90°角垂直码放，相邻两层的货物码放形式是另一层旋转 180°角的形式，它类似于房屋建筑砖的砌筑方式，不同层间啮合强度较高，相邻层之间不重缝，因而码放后稳定性很高，但操作较为麻烦，且包装体之间不是垂直面相互承受荷载，从而会产生下部货物承受上部货物重量不均衡的现象，所以下部货体易被压坏。

图 1.14　正反交错式

④ 旋转交错式（见图 1.15）。这种堆码方式是指第一层相邻的两个包装体都互为 90°，两层间的码放又相差 $180^0$，这样相邻两层之间互相啮合交叉，托盘稳定性较高，不易塌垛。其缺点是码放难度较大，且中间形成空穴，会降低托盘的装载能力。

图 1.15　旋转交错式

⑤ 仰伏相间式（见图 1.16）。适用于钢轨、工字钢、槽钢、角钢等物品的堆码。

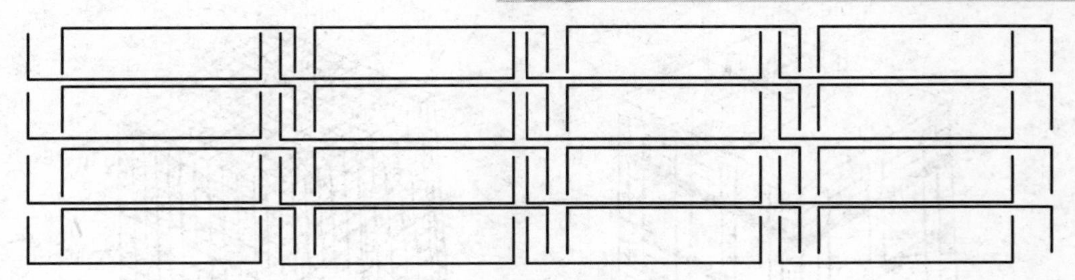

图 1.16　仰伏相间式

（2）对于托盘货物的码放要求。

① 木质、纸质和金属容器等硬质直方体货物单层或多层交错码放，拉伸或收缩包装。

② 纸质或纤维质类货物单层或多层交错码放，用捆扎带十字封合。

③ 密封的金属容器等圆柱体货物单层或多层码放，木质货盖加固。

④ 需进行防潮、防水等防护的纸质品、纺织品货物单层或多层交错码放，拉伸或收缩包装或增加角支撑，货物盖隔板等加固结构。

⑤ 易碎类货物单层或多层码放，增加木质支撑隔板结构。

⑥ 金属瓶类圆柱体容器或货物单层垂直码放，增加货框及板条加固结构。

⑦ 袋类货物多层交错压实码放。

**3）承载货物应固定牢靠**

运用托盘承载货物进行物流作业时，应视情况将承载货物固定牢靠。固定的方式主要有捆扎、胶合束缚、拉伸包装，并可相互配合使用，如图 1.17 ~ 1.24 所示。

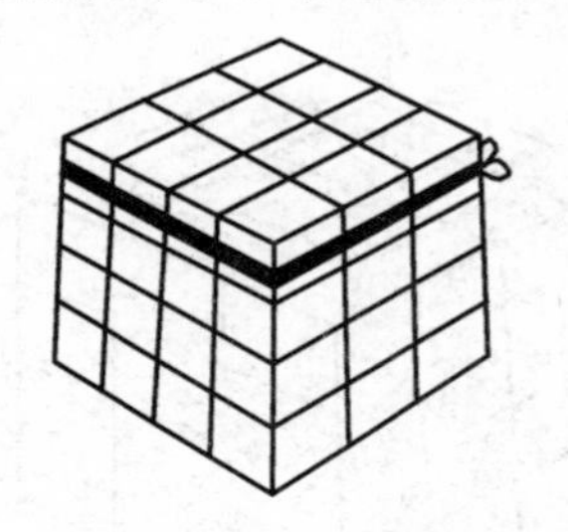
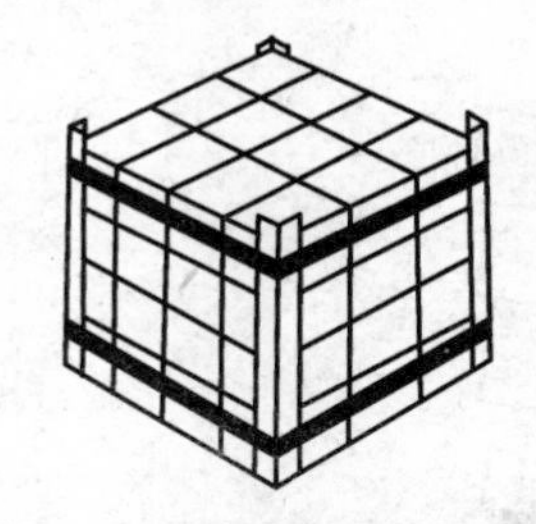

图 1.17　托盘货物的捆扎

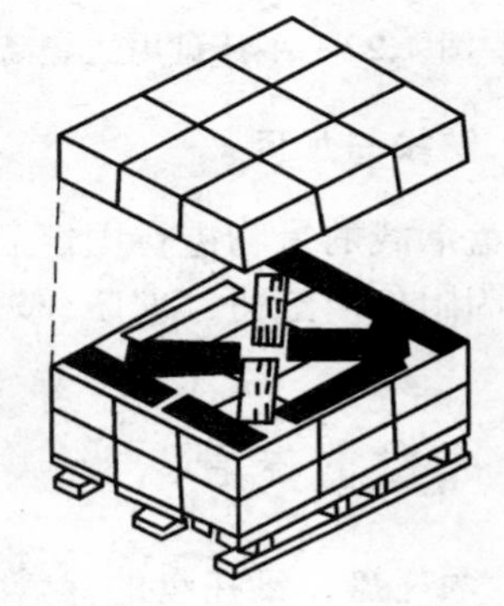

图 1.18　托盘货物的胶合束缚

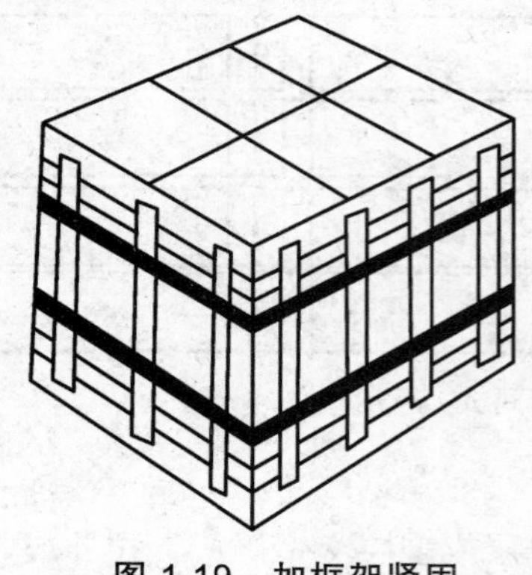

图 1.19　加框架紧固

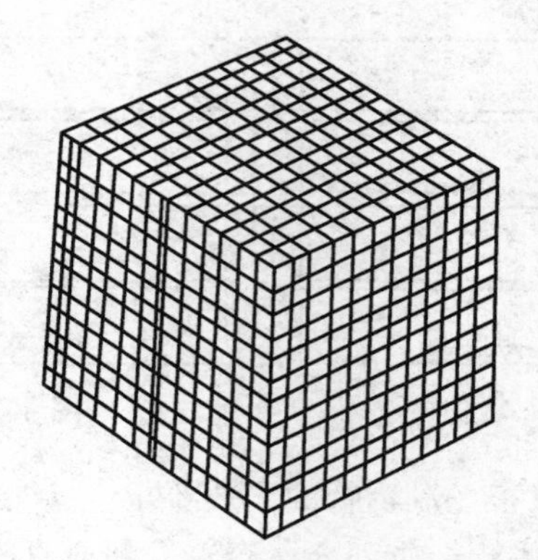

图 1.20　网罩紧固

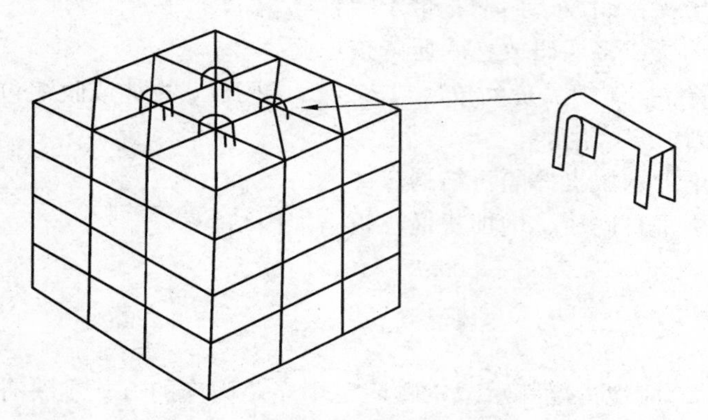

图 1.21　专用金属卡固定

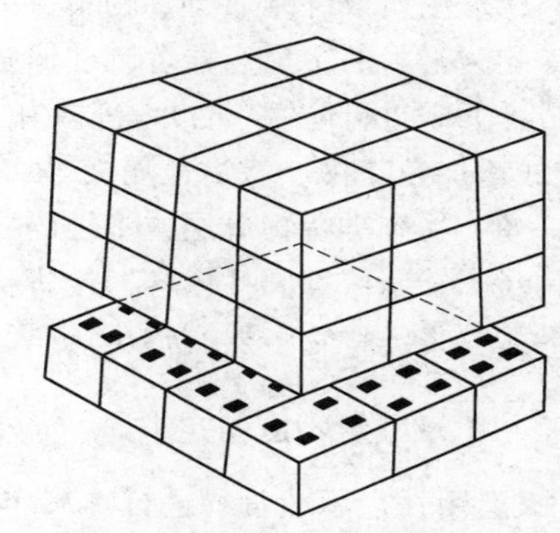

图 1.22　中间夹摩擦材料紧固

图 1.23　平托盘周边垫高紧固

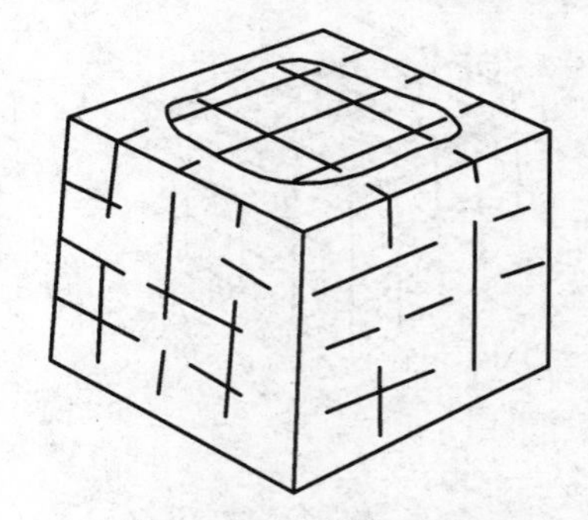

图 1.24　拉伸薄膜紧固

**4）防护与加固**

托盘承载的货物进行固定后，仍不能满足运输要求的应该根据需要选择防护加固附件。防护加固附件由纸质、木质、塑料、金属或其他材料制成。

## 3. 托盘的保管

**1）木托盘、纸托盘的保管**

木托盘、纸托盘因其防水性差，易受潮变形，所以不要放置于室外，防止被雨水冲刷，尤其木托盘还会因金属紧固件生锈，从而影响使用寿命。

**2）塑料托盘的保管**

塑料托盘应该码放整齐，防止机械碰伤，避免阳光暴晒引起塑料老化而缩短使用寿命。

**3）金属托盘保管**

应注意防潮以免生锈，同时注意远离腐蚀性的化工原料。

**4）复合材料托盘的保管**

应防止机械性的碰伤。

### 4. 托盘的维修

托盘在使用中常因各种原因造成损坏，如叉车驾驶人员的不当驾驶操作、货车损伤盘面或桁架、人工装卸空托盘时跌落等。破损的托盘若不及时修理，不仅会缩短托盘寿命，还会造成物流事故。因此，应该及时维修，以保持其使用寿命。对于可组合的托盘应及时更换受损部件，如木托盘的面板。对于整体的托盘应及时更换。

## 四、评价与反馈

### 1. 自我评价与反馈

（1）你是否知道托盘怎么分类？（　　）

A. 知道　　　　B. 不知道

（2）你是否能够完成对托盘的选择？（　　）

A. 能够　　　　B. 在小组协作下能够完成　　　　C. 不能完成

（3）完成了本学习任务后，你感觉哪些内容比较困难？

______________________________

______________________________

______________________________

______________________________

______________________________

______________________________

______________________________

______________________________

______________________________

______________________________。

签名：__________　　________年________月________日

## 2. 小组评价与反馈

（1）你们小组在接到任务之后是否分工明确？________________________________________________。

（2）你们小组每位组员都能轮换操作吗？________________________________________________。

（3）遇到难题时你们分工协作吗？________________________________________________。

（4）对于小组其他成员有何建议？________________________________________________。

参与评价的同学签名：__________ ________年________月________日

## 3. 教师评价及回复

________________________________________________________________________________________________
________________________________________________________________________________________________
________________________________________________________________________________________________。

教师签名：

________年________月________日

# 五、技能考核标准

将一堆货物码放在托盘上并进行固定，评分标准如表 1.1 所示。

表 1.1　货物在托盘上的码放与固定

| 评价项目 | 分　值 | 得　　分 |
| --- | --- | --- |
| 托盘的选择 | 20 | |
| 货物的码放 | 40 | |
| 货物的固定 | 40 | |

# 学习任务二　货架的使用

## 一、学习任务描述

| 任务名称 | 货架的使用 | 任务编号 | 2 | 课时 | 6 |
| --- | --- | --- | --- | --- | --- |
| 学习目标 | 1. 了解货架的种类及各种货架的使用情况<br>2. 掌握货架的选取原则<br>3. 掌握货架的使用注意事项<br>4. 能够组装轻型货架 | | | | |
| 考评方式 | 按技能考核标准考核 | | | | |
| 教学组织方式 | 1. 理论准备<br>2. 实践操作<br>3. 评价与反馈<br>4. 技能考核 | | | | |
| 情境问题 | 小张是一名中职毕业生，他来到成都蚂蚁物流公司应聘仓储管理员职位，需要组装一架轻型货架 | | | | |

## 二、理论准备

货架是用立柱、隔板或横梁组成的立体储存物品的设施，结构如图 2.1 所示。

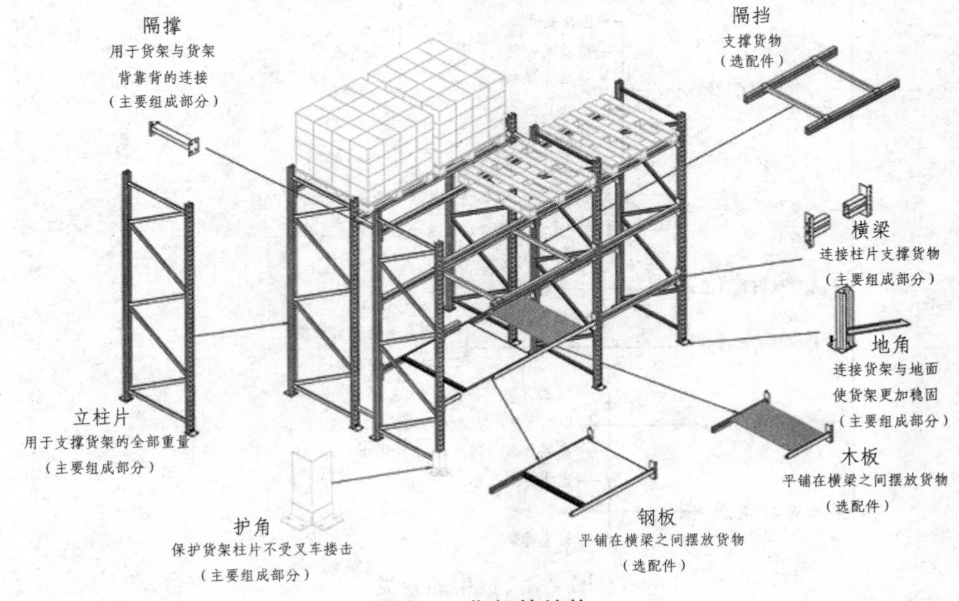


图 2.1　货架的结构

## 1. 货架的功能

（1）货架是一种架式结构物，可充分利用仓库空间，提高库容利用率，扩大仓库储存能力。

（2）存入货架中的货物，互不挤压，物资损耗小，可完整保证物资本身的功能，减少货物的损失。

（3）货架中的货物，存取方便，便于清点及计量，可做到先进先出。

（4）保证存储货物的质量，可以采取防潮、防尘、防盗、防破坏等措施，以提高物资存储质量。

（5）很多新型货架的结构及功能有利于实现仓库的机械化及自动化管理。

## 2. 货架的分类

货架的分类如图 2.2 所示。

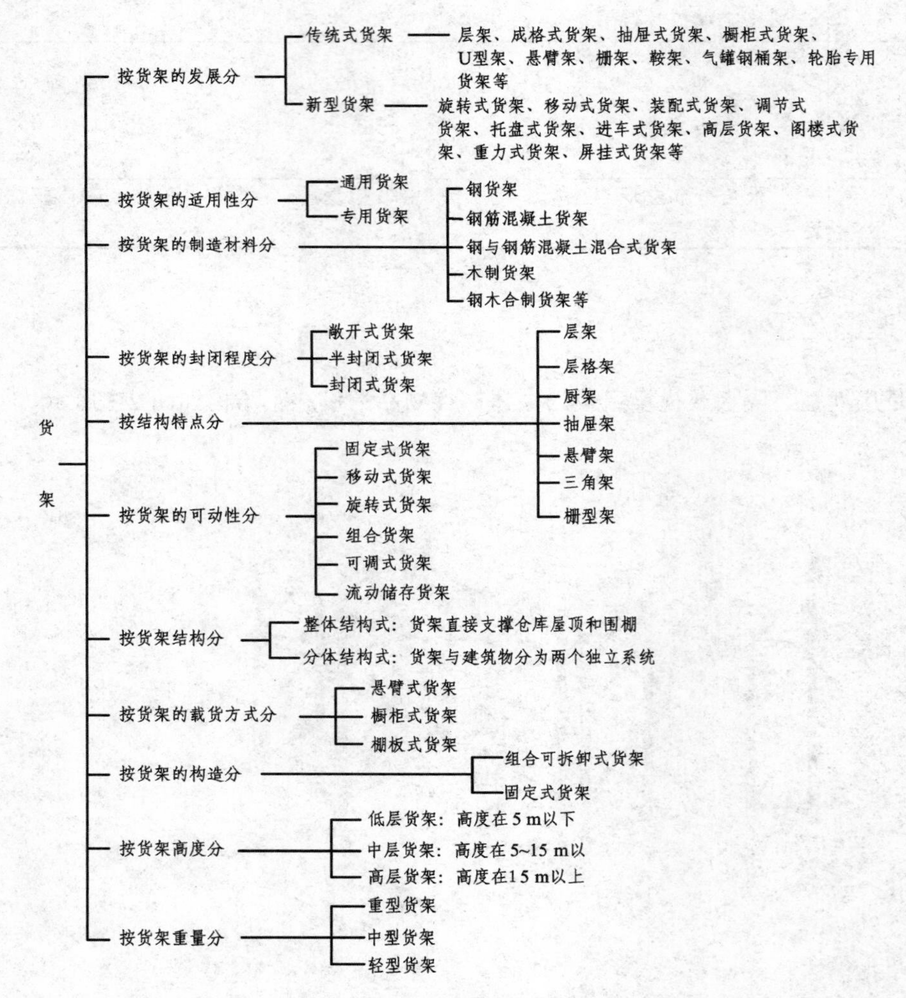


图 2.2　货架的分类

## 3. 常用货架

### 1）托盘式货架

托盘货架（见图 2.3）又称横梁式货架或货位式货架。此种货架系统空间利用率高，存取灵活方便，辅以计算机管理或控制，基本能满足现代化物流系统的要求。托盘货架在国内的各种仓储货架系统中最为常见，广泛应用于制造业、第三方物流和配送中心等领域。既适用于多品种小批量物品，又适用于少品种大批量物品。托盘货架能保证流畅的库存周转，提高平均的取货率，提供优质的产品保护，但其为了存取方便，设计的巷道比较多，所以仓库的地面利用率相对偏低，如图 2.4 所示。

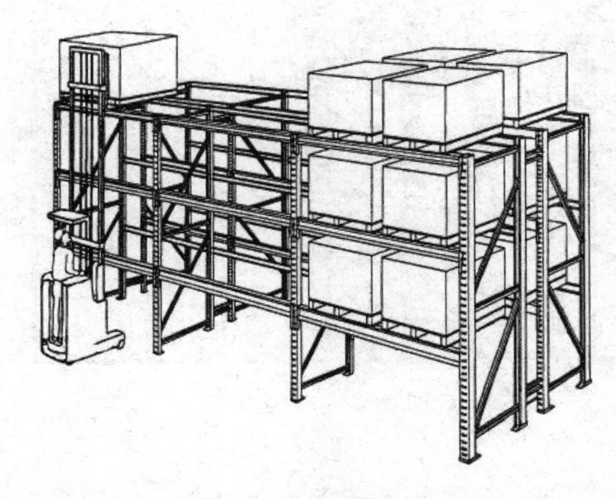

图 2.3　托盘货架

图 2.4　托盘货架的应用

选用托盘货架时，应考虑存储单元的尺寸、重量和堆放层数，以便确定支柱和横梁的尺寸。首先须进行集装单元化工作，即根据货物包装及其重量等特性进行组盘，确定托盘的类型、规格，以及单托载重量（单托货物重量一般在 2 000 kg 以内）和堆高，然后由此确定单元货架的跨度、深度、层间距，根据仓库屋架下沿的有效高度和叉车的最大叉高决定货架的高度。单元货架跨度一般在 4 m 以内，深度在 1.5 m 以内，低、高位货架高度一般在 12 m 以内，超高位仓库货架高度一般在 30 m 以内。为了存取方便，要求托盘与支柱及托盘间的间隙要大于 100 mm，货物与横梁的间隔在 80 ~ 100 mm。叉车顶的最大高度要超过货架上层横梁 200 cm 以上，叉车顶的最大高度与天花板最少有 20 cm 的间隙。货架的承载能力取决于下层货架的负荷能力。为了增加横梁刚性，每隔一定距离要安装一根支撑梁。

2）重力式货架

重力式货架（见图 2.5）又称流动性货架，是一种利用货物的自身重量来实现存储深度方向上货物移动的存储系统。重力式货架适合大量货物的短期存放和拣选，广泛应用于配送中心、装配车间以及出货频率较高的仓库。重力式货架的作业方式如图 2.6 所示。

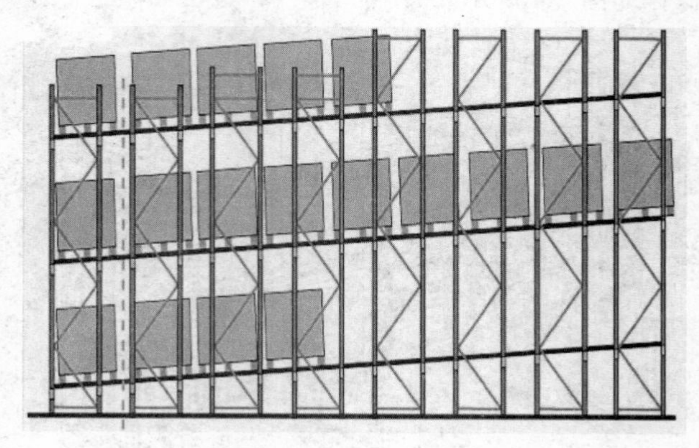

图 2.5　重力式货架

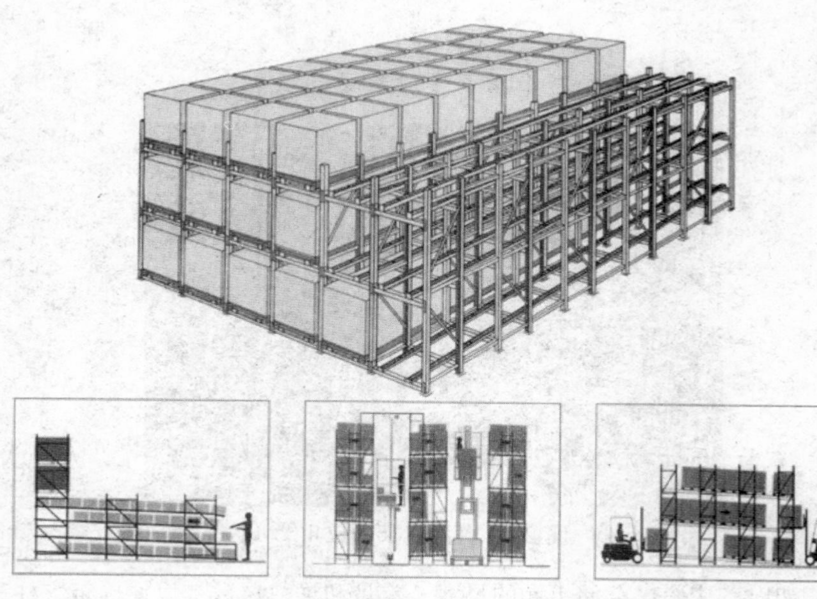

图 2.6　重力式货架的工作方式

重力式货架的一侧作为存放用，另一侧通道作为取货用，货物放在滚轮上。货架向取货方向稍倾斜一个角度，如图 2.7 所示。这个倾斜角的大小可根据实际情况来确定。重力式货架主要有以下特点：

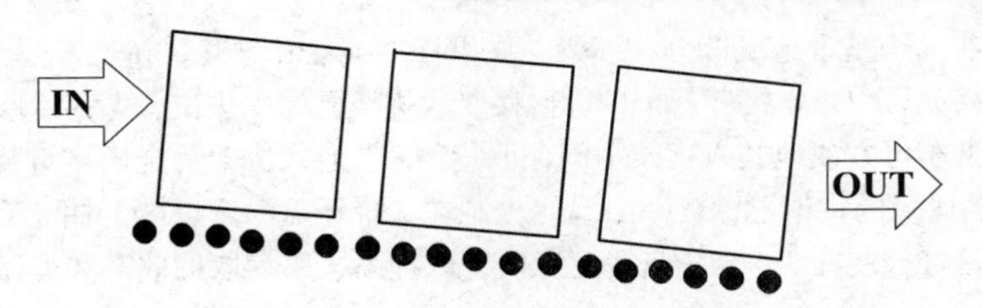


图 2.7　货架向取货方向稍倾斜一个角度

（1）重力式货架属于密集型货架的一种，能够大规模密集存储货物。

（2）采用重力式货架存储方式，固定了出入库位置，同时减少了出入库工具的运行距离。

（3）采用重力式货架存储，由于入库作业和出库作业完全分离，两种作业均可向专业化、高效率方向发展，而且在货物出入库时，运行工具不互相交叉、干扰，这样大大降低了事故，提高了作业效率。

（4）重力式货架的层高是可根据需要调整的，配以各种型号叉车或堆垛机等搬运工具，能实现各种托盘的快捷存取。

相对于普通托盘货架而言，重力式货架不需要操作通道，在货架每层的通道上，都安装一定坡度的、带有轨道的导轨，入库的单元货物在重力的作用下，由入库端流向出库端。这样的仓库，在排与排之间没有作业通道，大大提高了仓库面积利用率。但使用时，最好同一排、同一层上的货物，应为相同的货物或一次同时入库和出库的货物。同时，货架导轨长度不宜过长，否则不可利用的上下"死角"会较大，影响空间利用，且坡道过长，下滑的可控性会较差，下滑的冲力较大，易引起下滑不畅，从而引起托盘货物的倾翻。此类货架不宜过高，一般在 6 m 以内，单托货物重量一般在 1 000 kg 以内，否则其可靠性和可操作性会降低。

**3）贯通式货架**

贯通式货架又称通廊式货架、驶出式货架，如图 2.8 所示。

图 2.8　贯通式货架

贯通式货架是一种不以通道分割，连续的整体性货架。由于存储密度大，对地面空间利用率较高，常用于冷库、食品、烟草等存储空间成本较高的仓库。贯通式货架适用于储存品种少、批量大，对货物拣选要求不高的货物存储。货物的存储通道为叉车储运通道，是存储密度较高的一类货架。与托盘货架相比，贯通式货架的仓库利用率可达到 80%左右，仓库空间利用率可提高 30%以上，是存储效率最高的货架。

贯通式货架有 4 个基本组成部分：横梁、支撑杆、支柱和悬臂。在悬臂上，如图 2.9 所示，托盘按深度方向存放，一个紧接着一个，货物存取从货架同一侧进出，先存后取、后存先取，平衡重式及前移式叉车可方便地驶入货架中间存取货物。贯通式货架为全插接组装式结构，柱片为装配式结构，靠墙区域的货架总深度一般最好控制在 5 个托盘深度以内，中间区域可两边进出的货架总深度一般最好控制在 1 0 个托盘深度以内，以提高叉车存取的效率和可靠性。

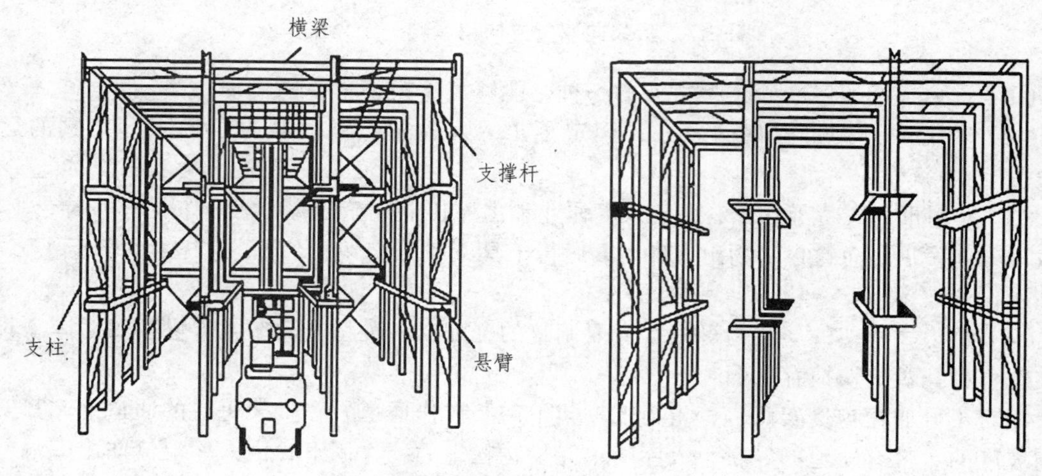


图 2.9　贯通式货架的结构

4）驶入式货架

驶入式货架（见图 2.10）是叉车出入货架内、以托盘装载单元进行存储作业的组装式货架，其中托盘装载单元沿深度方向一个紧接一个存储在货架结构的悬臂梁上。这种货架结构形式可使叉车作业通道和货品存储空间共用，大大提高了仓库的空间、场地面积的利用率，但同一作业通道内的货品不能做到先进先出。其适合于大批量、少品种或作业通道内的货品一起流向同一客户的货品存储，如饮料、乳制品、烟草、低温冷冻仓储、标准规格的家电、化工、制衣等行业。驶入式货架的存储密度最大，空间有效利用率可到 90%，场地面积利用率可达 60%以上。保管效率是托盘货架的 2 倍以上。在设计驶入式货架仓库时应根据存储物品和标准托盘尺寸来确定货架结构和尺寸。一般托盘装载单元的质量应控制在 1 600 kg 以内。

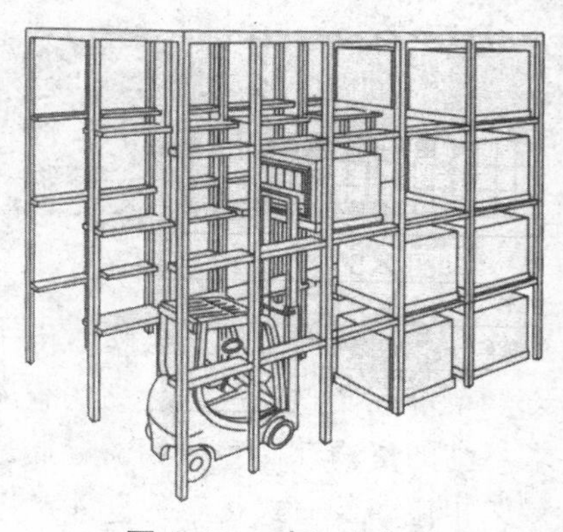

图 2.10　驶入式货架

驶入式货架在工业中应用较为广泛，图 2.11 是驶入式货架示意图。

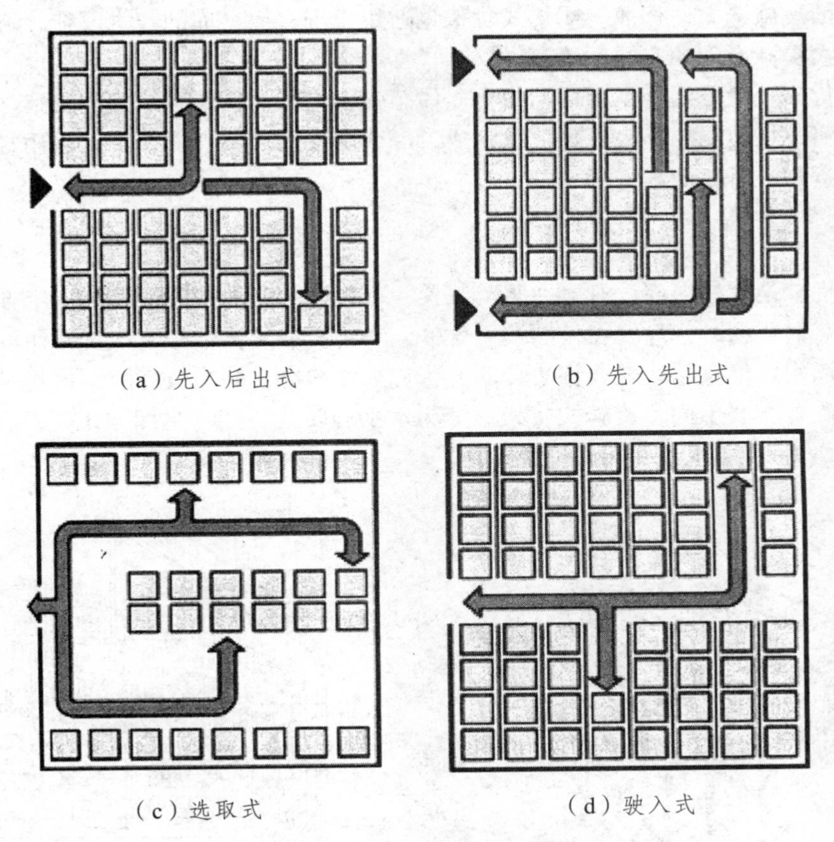

(a) 先入后出式　　(b) 先入先出式

(c) 选取式　　(d) 驶入式

图 2.11　驶入式货架示意图

**5）阁楼式货架**

阁楼式货架（见图 2.12）主要适用于场地有限，货物品种多、数量少的情况，底层货架

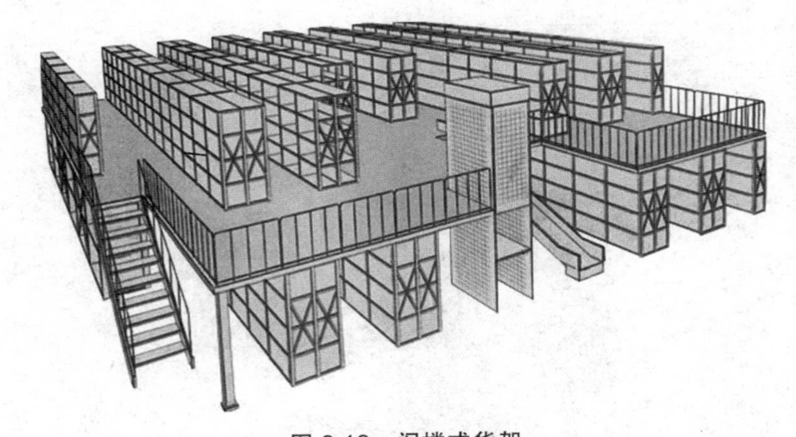

图 2.12　阁楼式货架

不但用于保管物料，同时当做支撑上层建筑的承重梁，使得承重梁的跨度大大减小，建筑费

用也大大降低。底层货架可采用中型货架、重型货架等多种货架，配有楼梯、护栏及电动升降平台等辅助设施，方便作业。阁楼式货架也适用于现有旧仓库的技术改造，通过合理的改建，可以大大提高仓库的空间利用率。

阁楼式货架一般采用全组合式结构，立体感强，采用优质碳素结构钢制造，造价低、施工快。根据实际场地需要，也可灵活设计成二层或多层阁楼。在阁楼上面可用轻型小车或托盘搬运车对货物进行存放和堆码。

**6）旋转式货架**

旋转式货架是货架内部设有电力驱动装置，可以通过开关控制货架按一定方向旋转的特殊货架。在存取货物时，只要在控制按钮处输入货物所在货格编号，该货格便以最近的距离自动旋转至拣货点停止。旋转式货架转动、拣货线路简捷，拣货效率高，拣货时不容易出现差错。根据旋转方式不同，旋转式货架可分为水平旋转式货架（见图 2.13）、垂直旋转式货架（见图 2.14）、多层水平旋转式货架 3 种。

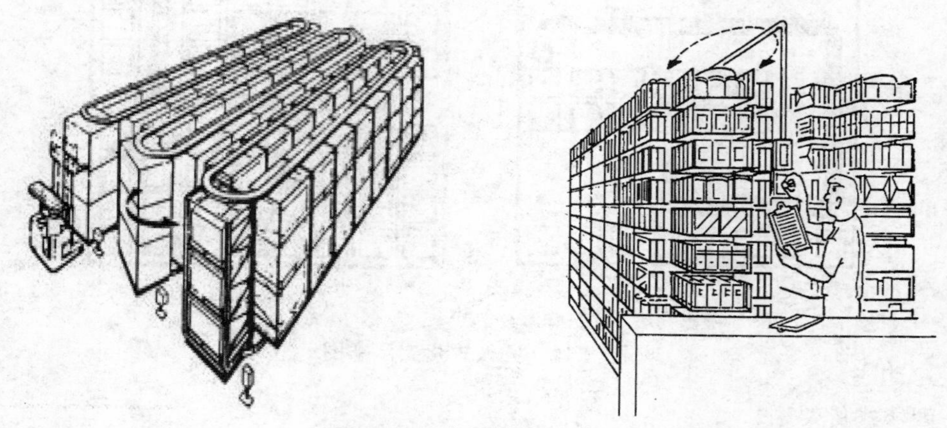

图 2.13 水平旋转式货架

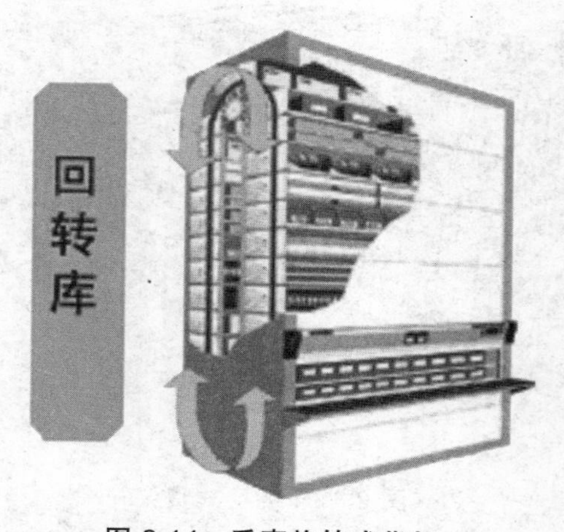


图 2.14 垂直旋转式货架

**7）悬臂式货架**

悬臂式货架（见图 2.15）是货架中重要的一种，是立柱上装设悬臂构成的。悬臂式货架的立柱多采用 H 型钢或冷轧型钢。悬臂则采用方管、冷轧型钢或 H 型钢。悬臂可以是单面或双面，同时悬臂可以是固定的，也可以是移动的。悬臂与立柱间采用插接式或螺栓式连接，底座与立柱间采用螺栓式连接。悬臂式货架具有结构稳定、载重能力好、空间利用率高等特点。

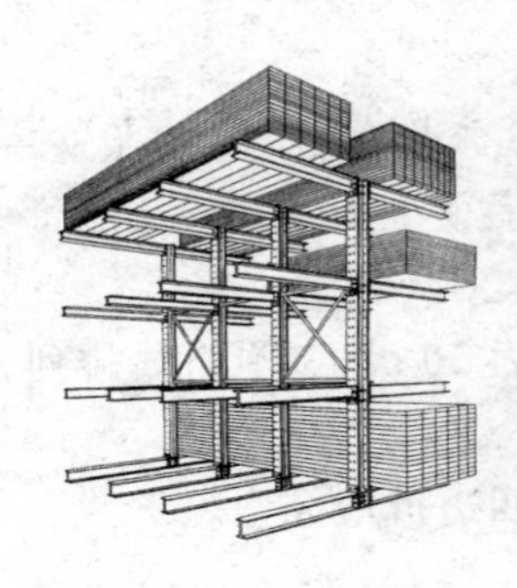

图 2.15　悬臂式货架

悬臂式货架高度通常在 2.5 m 以内（如由叉车存取货则可高达 6 m），悬臂长度在 1.5 m 以内，每臂载重通常在 1 000 kg 以内。前伸的悬臂结构轻巧，载重能力好，并且能存放不规则的或是长度较为特殊的物料，大幅提高仓库的利用率和工作的效率。在悬臂式货架上加搁板后，悬臂式货架特别适合空间小、高度低的库房，其管理方便，视野宽阔，与普通搁板式货架相比，利用率更高。

**8）移动式货架**

移动式货架将货架本体放置在轨道上，其底部设有行走轮或驱动装置，靠动力或人力驱动使货架沿轨道横向移动，如图 2.16 所示。因一组货架只需一条通道，大大减少了货架间的巷道数，所以在相同的空间内，移动式货架的储货能力要比货格式货架高得多。

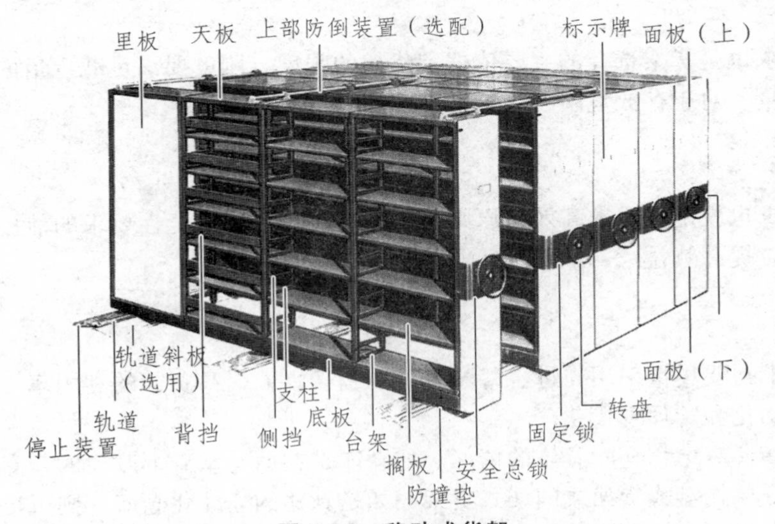


图 2.16　移动式货架

在不进行出入库作业时，各货架之间没有通道相隔，紧密排列，全部封闭，并可全部锁住，可确保货物安全，同时又可防尘、防光；当进行存取货物时，使货架移动，成为人员或存取设备的通道。

水平移动式货架在存取作业时，需不断移动货架，故一般用于出入库作业频率很低的轻小货物的储存。

#### 9）轻型货架

轻型货架属于仓储货架的一种，是按货架的承载量来区分与命名的。按照这一划分原则，轻型货架在所有仓储货架中的承载量是较小的。通常货架承载小于150kg/层（货架载荷绝大多数是以层为单位的承载量计算）。

（1）货架立柱。是由等边角钢双边冲孔制成，孔间距为50 mm，沿直线排列，立柱孔用来挂接层板之用。

（2）货架钢层板。它采用冷轧钢板制成，按所需尺寸四边折弯成型。

## 三、实践操作

### 1. 货架的选取原则

货架的选择应针对具体场合和情况，考虑储存对象、库容量、货架自身特点和费用等因素，满足实用性、安全性、经济性、先进性等要求。

#### 1）实用性

货架首先要满足所储存物品的品种、规格尺寸和性能的要求，满足物品先入先出的要求，满足配套机械完成存取作业的要求。

#### 2）安全性

安全性要求也是货架选择的主要依据。货架的强度、刚度要满足载重量的要求，并有一定的安全富余量，对于存放危险物品的货架还应满足特殊要求。

#### 3）经济性

经济性要求也就是低成本高效益原则，在满足实用性、安全性要求的前提下应着重考虑如何降低成本、提高效益。

#### 4）先进性

先进性要求指要尽量采用先进、科学合理的货架，以提高货架的利用率，推进储存作业的机械化、自动化和管理现代化。

货架的选择还应结合仓库具体的情况。如仓库是在原有基础上改建的，高度较低，此时应尽量采用中低层托盘式货架或阁楼式货架；如是新建的立体化仓库，则可根据仓库的类型和自动化水平选择货架；对于小型仓库且自动化程度一般，可以选择托盘式货架、重力式货架和移动式货架；对于自动化程度较高的大型高层立体仓库，可以选择托盘式货架或旋转式货架，以利于计算机自动控制。

## 2. 货架的使用注意事项

（1）货架上层横梁与天花板的距离要能够保证足够的叉车作业间隙，如图 2.17 所示。

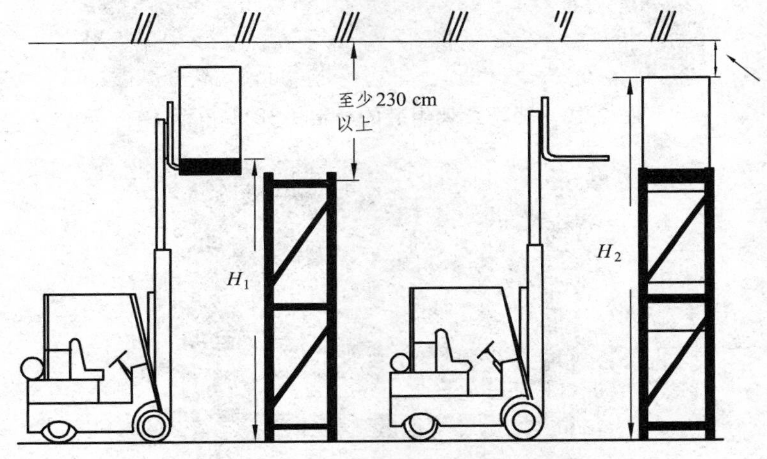


图 2.17　货架上层横梁与天花板的距离

（2）支柱的选择标准。按最下层支柱的承重（6 t）和最下层横梁主高度（1.1 m）选取不同重量级的支柱，如图 2.18 所示。

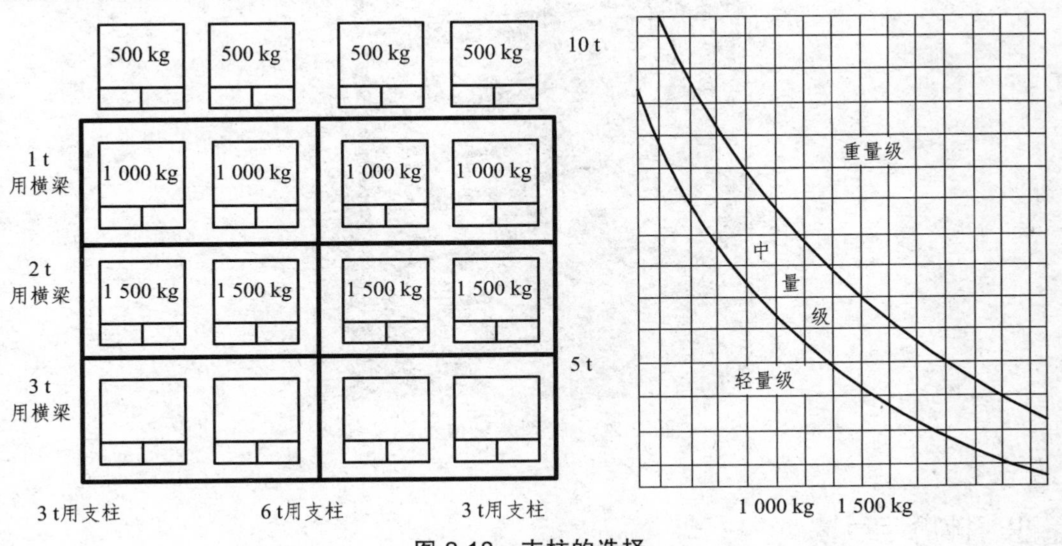


图 2.18　支柱的选择

## 3. 轻型货架的组装

用 38 根角钢组装轻型货架，如图 2.19、2.20 所示。

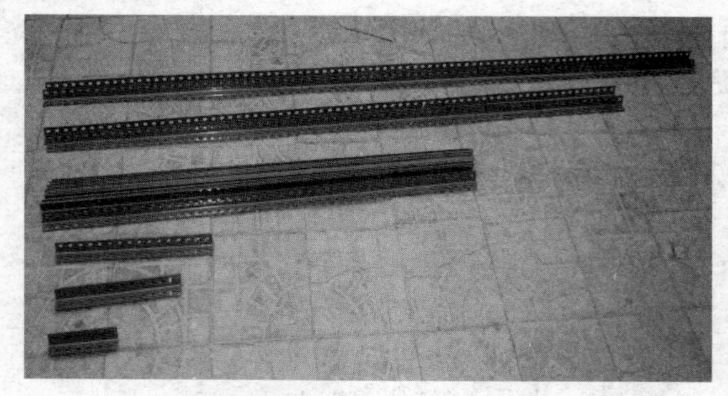

图 2.19　轻型货架组装的材料（38 根角钢）

图 2.20　轻型货架成品图

## 四、评价与反馈

### 1. 自我评价与反馈

（1）你是否知道货架的基本结构？（　　）

A. 知道　　B. 不知道

（2）你是否能够完成对轻型货架的组装？（　　）

A. 能够　　B. 在小组协作下能够完成　　C. 不能完成

（3）完成了本学习任务后，你感觉哪些内容比较困难？

________________________________________

________________________________________

________________________________________

签名：__________　　________年________月________日

## 2. 小组评价与反馈

（1）你们小组在接到任务之后是否分工明确？__________________

（2）你们小组每位组员都能轮换操作吗？__________________

（3）遇到难题时你们分工协作吗？__________________

（4）对于小组其他成员有何建议？__________________

参与评价的同学签名：__________　　________年________月________日

## 3. 教师评价及回复

________________________________________

________________________________________

________________________________________

教师签名：

________年________月________日

# 五、技能考核标准

评分标准如表 2.1 所示。

**表 2.1　评分标准**

| 评价项目 | 评分标准 | 分值 | 得分 |
| --- | --- | --- | --- |
| 货架的辨认 | 根据实物或图片辨认货架的种类，每错一项扣 5 分 | 20 | |
| 轻型货架的组装 | 组装轻型货架如图 2.20 所示 | 80 | |
| 总　分 | | 100 | |

# 学习任务三　手动液压托盘搬运车的使用与维护

## 一、学习任务描述

| 任务名称 | 手动液压托盘搬运车的使用与维护 | 任务编号 | 3 | 课时 | 8 |
|---|---|---|---|---|---|
| 学习目标 | 1. 了解手动液压托盘搬运车的分类<br>2. 掌握手动液压托盘搬运车的操作注意事项<br>3. 掌握手动液压托盘搬运车的操作<br>4. 了解手动液压托盘搬运车的日常维护 | | | | |
| 考评方式 | 按技能考核标准进行考核 | | | | |
| 教学组织方式 | 1. 理论准备<br>2. 实践操作<br>3. 评价与反馈<br>4. 技能考核 | | | | |
| 情境问题 | 现有一小批货物，需用手动液压托盘搬运车从仓库的一个地方搬运到另一个地方 | | | | |

## 二、理论准备

手动液压托盘搬运车是指搬运货物用的小型液压搬运设备。具有操作简单，使用方便的特点，适合短距离运输，如图 3.1 所示。

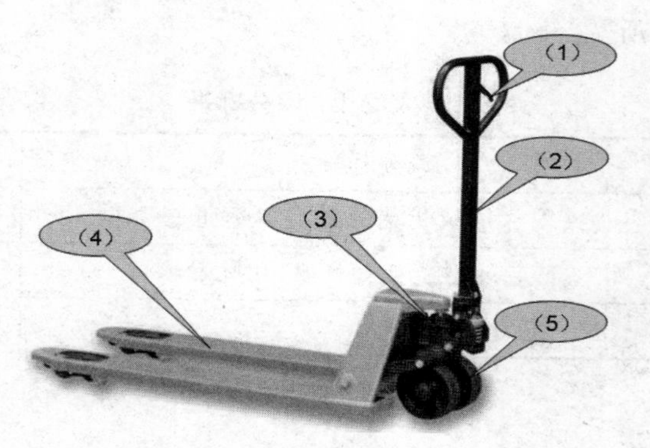


**图 3.1　液压托盘搬运车**

(1)—把手；(2)—手柄；(3)—液压泵；(4)—货叉；(5)—转向轮

## 1. 手动液压托盘搬运车的分类

手动液压托盘搬运车因适用场合不同，可分为多种类型。下面介绍几种类型的手动液压托盘搬运车的适用范围。

**1）低放型手动液压托盘搬运车**

低放型手动液压托盘搬运车适用于托盘低矮、空间狭窄的工作场合。

**2）不锈钢手动液压托盘搬运车**

不锈钢手动液压托盘搬运车的液压缸、车架、轴承、销子、螺栓等均由不锈钢材料制造，广泛适用于肉制品加工行业、食品加工行业、奶制品行业等。

**3）镀锌手动液压托盘搬运车**

镀锌手动液压托盘搬运车液压缸采用防漏设计，车架、手把、液压缸等裸露在外部的零件全部经过镀锌处理，配置不锈钢轴承、耐磨尼龙轮，耐腐能力强。它适用于冷库及洁净度要求比较高的场合，如肉类加工、奶制品加工、食品加工行业等。

**4）纸筒型手动液压托盘搬运车**

纸筒型手动液压托盘搬运车适用于造纸、包装印刷、纺织等需要搬运圆柱形货物的行业。

**5）电子称重型手动液压托盘搬运车**

电子称重型手动液压托盘搬运车可进行搬运和称重同时作业，特别适用于铁路、公路、商贸、工矿等物流作业中的货物的称量。它具有专用传感器、专用称重仪表，其有置零、去皮、累计等功能。它表面采用除尘喷塑处理，具有防腐、防锈等特点。

**6）5 t 重型手动液压托盘搬运车**

5 t 重型手动液压托盘搬运车采用 8 mm 优质钢板精心打造，配置有高品质的重载型液压缸和钢制车轮，可靠耐用。它适用于缺乏叉车或叉车无法进入的场合。

## 2. 手动液压托盘搬运车的使用注意事项

手动液压托盘搬运车的使用注意事项如表 3.1 所示。

**表 3.1　手动液压托盘搬运车的使用注意事项**

|  |  |
| --- | --- |
| 使用之前，你一定要知道刹车在哪里，这样你才能及时地把车停下来 | 操作的时候不要太匆忙，不然货物会掉下来的 |

**续表 3.1**

|  |  |
|---|---|
| 小心对待货物，尤其是易碎品，<br>一定要放得低一些 | 如果叉子比货物长，那么你要多加小心，<br>不要叉到其他人或者货物哦 |
|  |  |
| 记住手柄是可以活动的，所以在载货物的时候尽量<br>用拉的方式，这样可以更加方便一些 | 这可不是脚踏车，你如果真想要脚踏车的话，<br>还不如去买一个真的 |
|  |  |
| 一定要保证货叉朝上，同时人不要正对站立。并且<br>要使用倒车挡，这样便于控制速度和刹车 | 在把货物放下时，一定要提醒周围的人注意 |
|  | 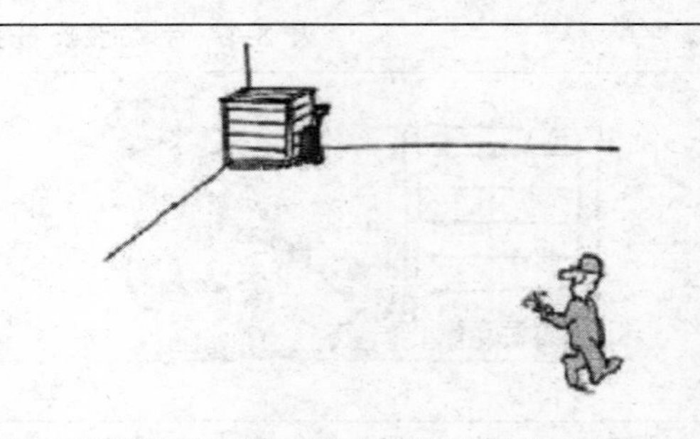 |
| 在拐弯的时候务必要小心，<br>一定要看清楚是否有行人和车辆在附近活动 | 一定要停在不会妨碍其他人工作的固定位置 |

续表 3.1

| | |
|---|---|
|  |  |
| 不要让自己被小车挤到！<br>普通的搬运车是不会在斜坡上自己停下来的 | 手柄是不应该倒下来的，<br>如果损坏了就要及时维修 |
|  |  |
| 在过木板搭起的小桥的时候，<br>一定要事先进行检查，确保安全才能通过 | 如果你必须倒着走的话，<br>那么应该首先检查一下你的背后是否安全 |
|  |  |
| 叉货的时候，一定要保证托盘平衡，<br>不然很容易让货物发生侧翻 | 过载是绝对不允许的，因为有可能造成严重的后果 |
|   | |
| 有故障是很危险的，一定要立即送修 | |

## 三、实践操作

### 1. 手动液压托盘搬运车的操作

#### 1）起　动

（1）检查手柄是否正常，如图 3.2 所示。

（a）货叉提升状态

（b）货叉工作状态

（c）货叉下降状态

**图 3.2　操作手柄的状态**

（3）检查液压托盘搬运车的液压状况，升降是否完好。

#### 2）作　业

（1）货叉在进入托盘插孔时，不允许碰撞托盘，并保证货叉进入托盘后，托盘均匀分布在货叉上，否则运行时易引起侧翻。

（2）抬升托盘。将托盘搬运车手下压至上升挡，手柄上下往复，至托盘离地 20 ~ 30 cm 即可。将手柄回至空挡。

（3）载物起步时，应先确认所载货物平稳可靠。起步时须缓慢平稳起步。

（4）运行过程中，不允许与其他设备或物品产生任何碰撞。

（5）货物搬运至目的位置后，将手柄提升至下降挡，货叉降至最低位时，方可拉出液压托盘搬运车。

#### 3）停　止

（1）停车时，手柄应与货叉垂直。

（2）保证货叉已降至最低位置。

（3）不允许将液压托盘搬运车停出设备指定区域外。

### 2. 手动液压托盘搬运车的作业

#### 1）利用手动液压托盘搬运车叉取托盘，运至指定目的地（见图 3.3）

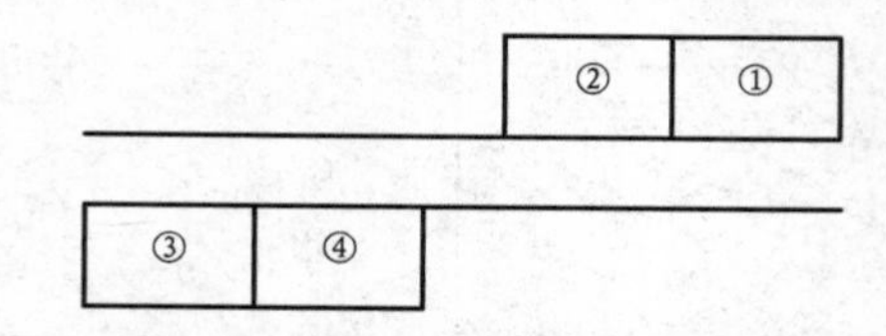


**图 3.3　手动液压托盘搬运车叉取托盘作业图**

（1）从①处，获取手动液压托盘搬运车（设备起始状态：手柄与货叉成垂直状态）。

（2）在②处，叉取托盘。

（3）利用手动液压托盘搬运车将托盘搬运至④处。

（4）手动液压托盘搬运车回至③处。

**2）利用手动液压托盘搬运车顺时针循环操作（见图 3.4）**

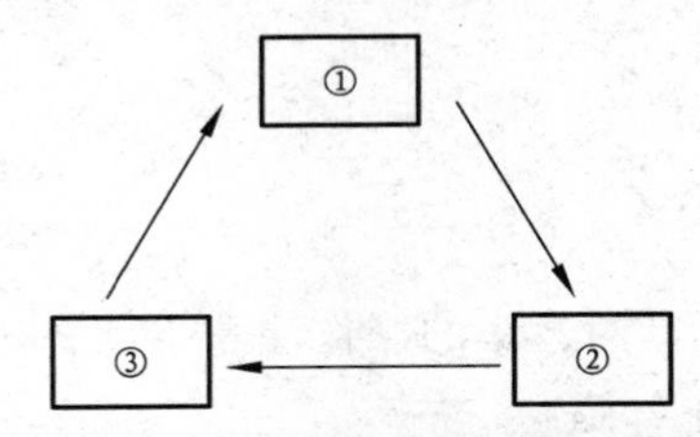


图 3.4　手动液压托盘搬运车顺时针循环操作作业图

（1）①②③处分别有一辆手动液压托盘搬运车，一个托盘。3 位同学分别站立于此处。

（2）3 位同学同时启动，提升托盘，①运至②处降下，②运至③降下，③运至①处降下，如此往复。

**3）在 U 形通道内，手动液压托盘搬运车运送托盘至指定目的位置（见图 3.5）**

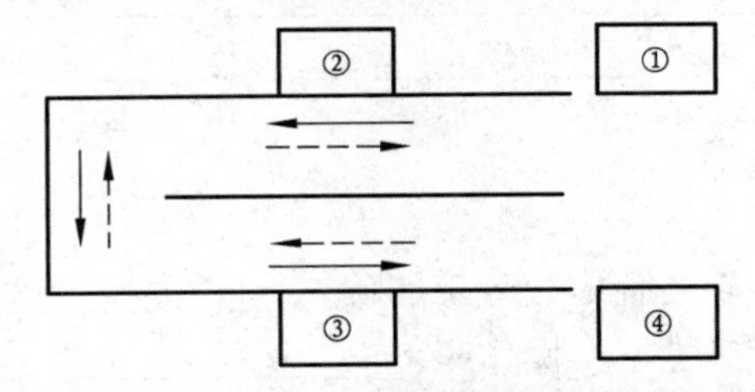


图 3.5　手动液压托盘搬运车运送托盘作业图

（1）①处放置一辆手动液压托盘搬运车，②处放置一个托盘。

（2）第一位同学从①处取手动液压托盘搬运车（设备起始状态：手柄与货叉成垂直状态）。

（3）手动液压托盘搬运车行驶至②处，叉取托盘。

（4）利用手动液压托盘搬运车，将托盘运至③处，卸下。

（5）手动液压托盘搬运车驶回至④处。

依据熟练程度，可在托盘上增加一水杯，运行过程中，水杯内水溢量出不允许超过 1/3 的水量。

## 3. 手动液压托盘搬运车的日常维护

（1）加油。每月检查一次油量。建议使用液压油：气动专用油（透平 1 号）（ISOVG32），在 40 °C 时的运动黏度为 32 cSt（运动黏度单位为斯托克斯 St，$1\ St=10^{-4}\ m^2/s$，$1\ cSt=10^{-2}\ St$），总量大约为 0.3 L。

（2）排气。由于运输或泵体的倒置，空气很可能会进入液压泵中，这将会导致在上升位置打压时，货压不上升。可按以下的方法排气：把指状手柄扳到下降位置，上下往复运动数次。

（3）日常检查与维修。日常检修是必不可少的，应重点检修轮子、芯轴线和破布等。当搬运完毕后，应卸下货叉上的物品，并将叉架降到最低位置。

（4）润滑油。在工厂里，所有的轴承及轴已被加注了长寿命的润滑油，检查人员只需在每月的间歇或每次彻底检查时，往所有的运动部件加注润滑油。

## 四、评价与反馈

### 1. 自我评价与反馈

（1）你是否知道手动液压托盘搬运车的操作注意事项？（　　）

A. 知道　　　　B. 不知道

（2）你是否能够完成对手动液压托盘搬运车的操作？（　　）

A. 能够　　　　B. 在小组协作下能够完成　　　　C. 不能完成

（3）完成了本学习任务后，你感觉哪些内容比较困难？

______________________________

______________________________

______________________________

签名：__________　　______年______月______日

### 2. 小组评价与反馈

（1）你们小组在接到任务之后是否分工明确？______________

（2）你们小组每位组员都能轮换操作吗？______________

（3）遇到难题时你们分工协作吗？______________

（4）对于小组其他成员有何建议？______________

参与评价的同学签名：__________　　年______月______日

### 3. 教师评价及回复

______________________________

______________________________

______________________________

教师签名：

______年______月______日

## 五、技能考核标准

在U形通道内，手动液压托盘搬运车运送托盘至指定目的位置，如图3.6所示，评分标准如表3.2所示。

表 3.2　评分标准

| 序号 | 评价项目 | 分值 | 评分标准 | 得分 |
| --- | --- | --- | --- | --- |
| 1 | 与其他设备设施发生刷蹭或碰撞 | 20 | 与其他设备设施发生刷蹭或碰撞，包括托盘、货物线边杆、货架等（一次扣 3 分） | |
| 2 | 规范叉取货物 | 20 | 未按要求进行叉取货物（一次扣 5 分） | |
| 3 | 规范卸载货物 | 10 | 未按要求进行卸载货物（一次扣 8 分） | |
| 4 | 停在指定区域内 | 10 | 停车时，超出定位线（按发生次数计数，一次扣 1 分） | |
| 5 | 叉取货物 | 15 | 叉取货物未能一次成功（按调整次数计数，一次扣 3 分） | |
| 6 | 货物有无掉落 | 15 | 货物掉落（按货物掉落的箱数计数，每一箱扣 3 分） | |
| 7 | 叉车碰桩（桩杆未倒） | 10 | 碰桩，但没有发生倒桩（按发生次数计数，一次扣 2 分） | |
| 总　分 | | 100 | | |

# 学习任务四　充填机的使用和维护

## 一、学习任务描述

| 任务名称 | 充填机的使用与维护 | 任务编号 | 4 | 课时 | 6 |
| --- | --- | --- | --- | --- | --- |
| 学习目标 | 1. 了解充填机械<br>2. 充填机的分类<br>3. 充填机的使用和日常维护 | | | | |
| 考评方式 | 按技能考核标准进行考核 | | | | |
| 教学组织方式 | 1. 理论准备<br>2. 实践操作<br>3. 评价与反馈<br>4. 实践操作 | | | | |
| 情境问题 | 有一辆充填机已使用半年，需要进行日常维护 | | | | |

## 二、理论准备

### 1. 概　述

充填机是将产品按预定量充填到包装容器内的机器，主要完成产品的计量和充入工作。充填机的运用范围很广泛，主要运用在液体产品及小颗粒产品的灌装上，将产品按预定量充填到包装容器内。充填液体产品（如可乐、啤酒等）的机器通常称为灌装机。采用充填机械不仅可以提高劳动生产率，减少产品的损失，保证包装质量，而且可以减少生产环境与被装物的相互污染。不同的装填物料和不同的包装容器，使用的灌装机的品种也不尽相同。

### 2. 充填机械的分类

由于产品的种类繁多、形态各异（如液体、粉粒状和块状等），包装容器也是形式繁多、用材各异（如袋、盒、箱、杯、盘、瓶、罐等），因此就形成了充填技术的复杂性和应用的广泛性。根据所能适应产品物态的不同，可把充填技术分为固体类产品充填和液体类产品充填两大类。

实际生产中，由于产品的性质、状态，以及要求的计量精度和充填方式等因素的不同，对不同的物料会采用不同的计量充填方式，也就出现了各种各样的充填机械。充填机械种类虽多，但一般都由物料供送装置、计量装置、下料装置等组成。充填机的详细分类如表4.1所示。

表 4.1　充填机的分类

| 序号 | 分类方法 | 形　式 |
| --- | --- | --- |
| 1 | 按自动化程度 | 手工灌装机，半自动灌装机，全自动灌装机，灌装压盖联合机 |
| 2 | 按结构 | 直线式灌装机，旋转式灌装机 |
| 3 | 按功能 | 制袋充填机，成型充填机，仅完成充填功能的充填机 |
| 4 | 按充填物料的物理状态 | 粉状物料充填机，块状物料充填机，音状物料充填机，液体灌装机 |
| 5 | 按灌装原理 | 真空灌装机，常压灌装机，反压灌装机，负压灌装机，加压灌装机 |
| 6 | 按充填机所采用的计量原理 | 容积式充填机，称重式充填机，计数式充填机 |

## 3. 各种充填机简介

充填机虽然种类各种各样，但是其基本原理都是一样的，常用的充填机有以下几类。

### 1）容积式充填机

容积式充填机是将产品按预定容量充填到包装容器内的机器。适合于固体粉料或稠状物体填充的容积式充填机有量杯式、螺旋式、气流式、柱塞式、插管式等多种。其中最主要的是量杯式充填机，分为固定量杯式充填机和可调容量式充填机。

（1）固定量杯式充填机。采用定量的量杯量取产品并将其充填到包装容器内的机器。

其结构如图 4.1 所示，物料经供料斗 1 靠其重力落到计量杯内，圆盘口上装有数个（图中

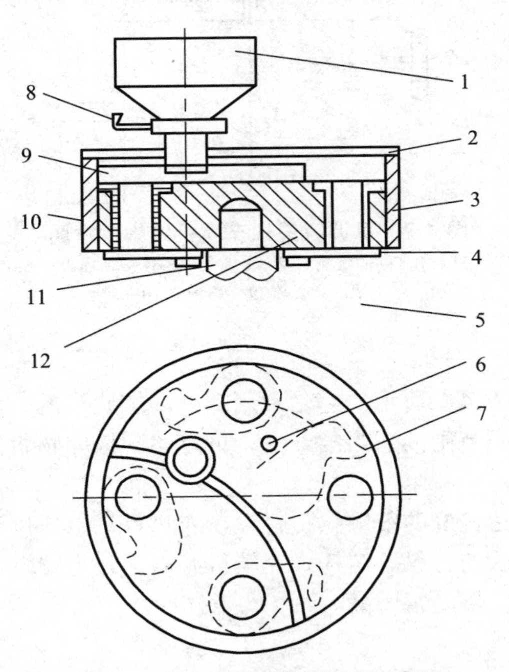


图 4.1　量杯式充填机结构示意图

1—料斗；2—粉罩；3—量杯；4—活门；5—粉袋；6—闭合圆销；7—开启圆销；8—下粉闸门；9—粉料刮板；10—护圈；11—转盘主轴；12—圆盘

为 4 个）量杯和对应的活门 4，圆盘上部为粉罩 2，当转盘主轴 11 带动圆盘 12 旋转时，粉料刮板 9（与供料斗 1 固定在一起）将量杯 3 顶部多余散体物料刮去。当量杯转到卸粉工位时，开启圆销 7 推开定量杯底部活门 4，于是量杯中的物料在自重作用下充填到下方的容器中去。

该装置是容积固定的计量装置，定量不能调整，若要改变定量，则要更换量杯。

（2）可调容量式充填机。是采用可随产品容量变化而自动调节容积的量杯量取产品，并将其充填到包装容器内的机器。

可调容量式充填机如图 4.2 所示。量杯由上、下两部分组成。通过调节机构可以改变上、下量杯的相对位置，实现容积微调。微调可以自动进行，也可以手动进行。计量精度可达 2%～3%。自动调整信号是通过对最终产品的重量或物料比重的检测来获得的。

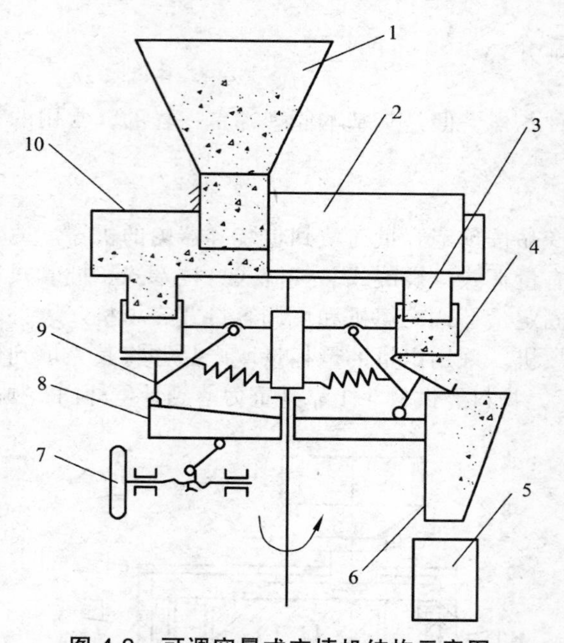


**图 4.2　可调容量式充填机结构示意图**

1—料斗；2—刮板；3—上量杯；4—下量杯；5—包装容器；6—输送带；
7—手轮；8—凸轮 9—底门；10—料盘

### 2）螺杆式充填机

螺杆式充填机结构如图 4.3 所示。它是利用螺杆的螺旋槽的容腔来计量物料的。通过精确控制计量螺杆的转数和调节闸门适当的开度，可以达到散体物料的计量精度要求，使计量误差控制在最小范围。

这种装置适用于流动性良好的细颗粒物料，粉末物料，也适用于黏稠状的物料，但是不适用于易破碎的片状和块状的物料。螺杆式充填机有以下几个特点：

（1）采用齿形带传动，传动精度高。

（2）计量螺杆转速可调。

（3）配有物料搅拌机构。

（4）可根据需要更换不同螺距螺杆。

（5）采用螺杆加光电码盘的计量方式，计量精度高。

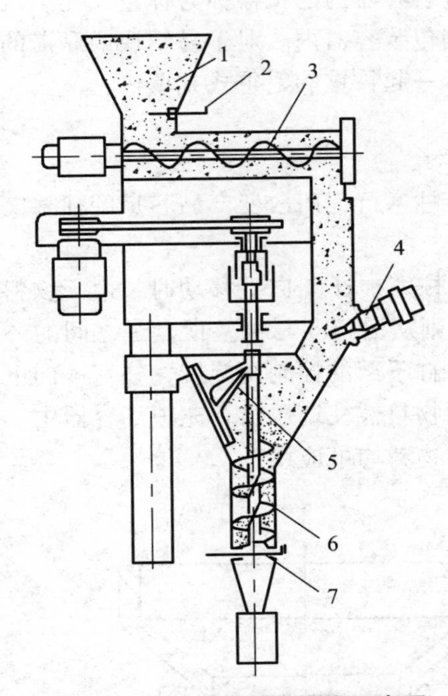


图 4.3　螺杆式充填机结构示意图

1—料斗；2—插板；3—螺杆；4—料位检测器；5—搅拌器；6—螺杆；7—闸门

### 3）气流式充填机

气流式充填机是利用真空吸附原理，将包装容器或量杯抽真空再充填物料。有两种类型：一种是真空容器充填，充填精度受包装容器容积变化的影响；另一种是真空量杯充填，充填精度可高达±1%，充填量变化范围大，可从 5 mg ~ 5 kg 进行充填。其结构如图 4.4 所示。工作时，充填轮做匀速间歇转动。当轮中量杯口与料斗 1 接合时，配气阀与真空管接通，使容器 4 保持真空而使物料被吸入量杯。当量杯转到容器 4 上方时，量杯中的物料被经过配气阀输送来的压缩空气吹入容器 4 中。

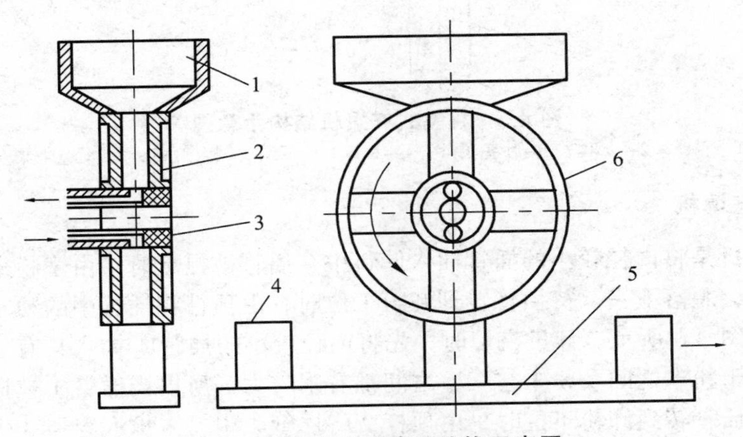


图 4.4　气流式充填机结构示意图

1—料斗；2—抽气座；3—密封垫；4—容器；5—托瓶台；6—充填轮

产品按预定质量充填至包装容器内的机器称为称量式充填机。充填过程中，应事先称出预定质量的产品，然后充填到包装容器内。对于易结块或黏滞的产品，如红糖等，可采用在充填过程中产品连同包装容器一起称重的毛重式充填机。

**4）柱塞式充填机**

柱塞式充填机采用可调节柱塞行程而改变产品容量的柱塞筒量取产品，并将其充填到包装容器内。

其结构如图 4.5 所示。当柱塞推杆 7 向上移动时，由于物料的自重或黏滞阻力，使进料活门 5 向下压缩弹簧 6，物料则从活门 5 与柱塞顶盘 3 之间的环隙进入柱塞下部缸体 2 的内腔料缸中。到达预定容量后料缸下部的控制阀旋转，柱塞 4 向下移动时，活门 5 在弹簧的作用下关闭环隙，柱塞 4 下部的物料被柱塞压出并充填到容器中。这类装置机构的适用性比较广泛。粉末、颗粒类及黏稠类物料均可应用。

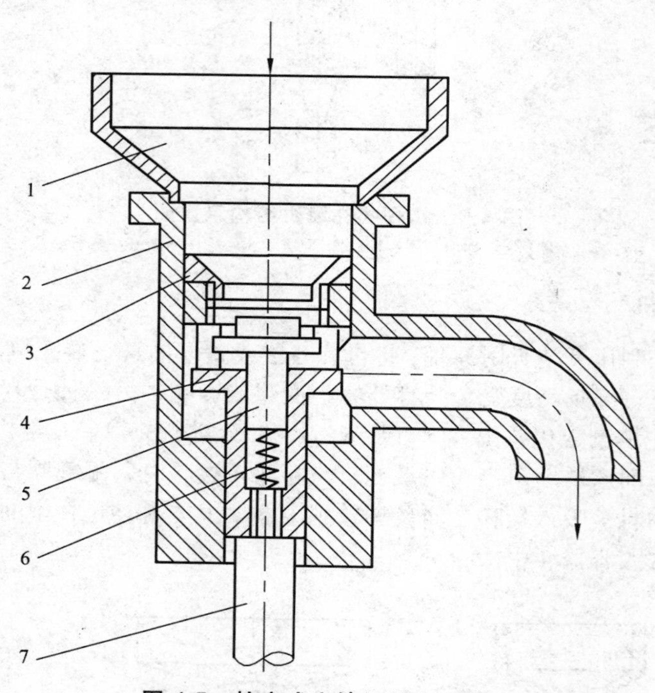


**图 4.5　柱塞式充填机结构示意图**

1—料斗；2—缸体；3—柱塞顶盘；4—柱塞；5—活门；6—弹簧；7—柱塞推杆

**5）插管式充填机**

插管式充填机是将内径较小的插管插入储料中，插管被提起时，由于粉末之间的附着力的作用，粉末不会脱落下去。待插管转到卸粉工位时，由顶杆将插管中的粉末充填到包装容器内。其结构如图 4.6 所示。计量充填时，先将内径较小的插管 1 插入具有一定粉层深度的储料槽 4 中，由于粉末之间及粉末与管壁之间都有附着力，所以当插管 1 被提起时粉末不会脱落下去。而当插管转到卸粉工位时，由顶杆 2 将插管 1 中粉末推入容器 3 中。插管式充填机主要用于充填医药行业的小剂量药品，剂量范围一般为 40 ~ 100 mg，误差为 7%左右。

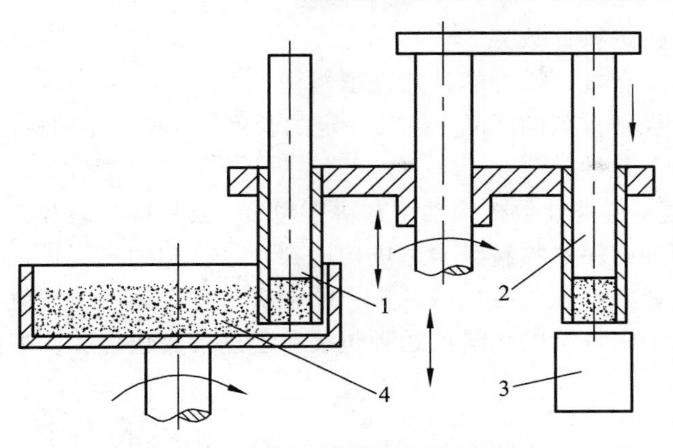


图 4.6　插管式充填机结构示意图

1—插管；2—顶杆；3—容器；4—储料槽

### 6）称重式充填机

称重式充填机分为两类，净重式充填机结构如图 4.7 所示，它是事先称出产品的重量，然后再充填到包装容器内。毛重式充填机结构如图 4.8 所示，这种充填机在充填过程中称量产品时是连同包装容器一起进行的，多用于易结块或黏滞性强的产品包装，如红糖包装，不适用于容器重量较大或重量变化较大的包装。

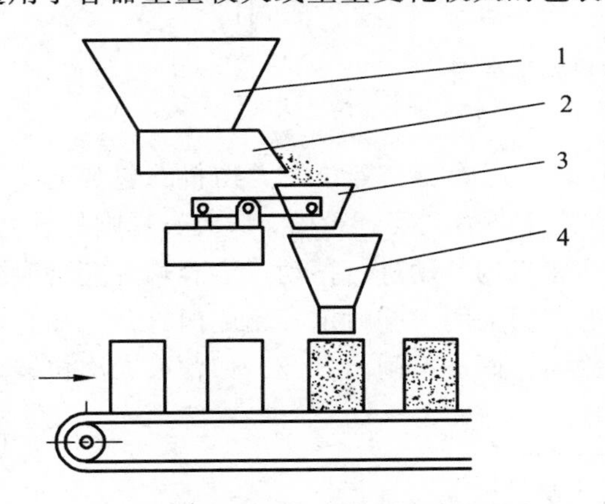


图 4.7　净重式充填机结构示意图

1—料斗；2—加料器；3—秤；4—漏斗

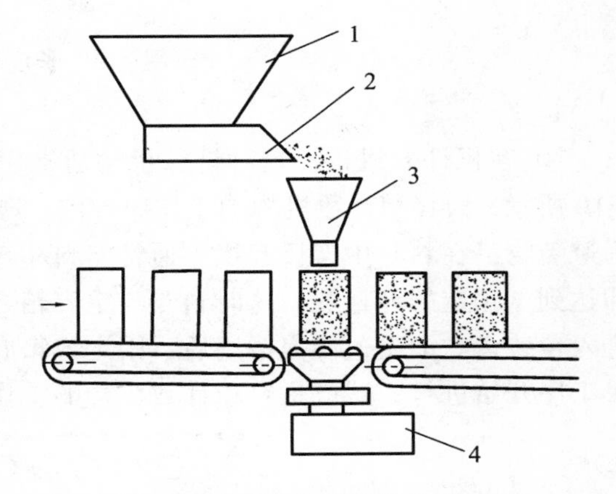


图 4.8　毛重式充填机结构示意图

1—料斗；2—加料器；3—料斗；4—秤

### 7）计数式充填机

计数式充填机是将产品按预订数目充填至包装容器内的机器。在包装过程中，某些较大的颗粒状、块状以及棒状物料，如糖果、饼干、面包等，由于生产的机械化、规格化、标准化，使这些产品每个具有相同的分量和质量，因此，在对这些产品进行包装的时候，一般采用计数定量填充作业。计数式充填机在形状规则物品的包装中应用广泛，适用于条状、块状、片状、颗粒状等规则物品包装的计量充填，也适用于包装件的二次包装，如装盒、装箱等。计数定量的方法一般分为两大类：第一类是被包装物是有规则的整齐排列，其中包括预先就具有规则而整齐地排列；第二类是包装前经过供送机构将杂乱的被包装物品按一定的形式和要求进行排列，然后再进行计数。

（1）被包装物品呈有规则排列的计数充填机构。

被包装物品呈有规则排列的产品，按其一定的长度、高度、体积取出一定数量运行包装，这类机构常见的有以下几种：

① 长度计数机构。这类计数机构常用在饼干包装、云片糕包装和茶叶小装盒后的第二次大包装。计量时，排列有序的物料经输送机构送到计量机构中，行进物料的前端触到计量腔的挡板时，因挡板上装有电触头或机械触头，此触头一旦受到压迫，就立即发出信号，指令横推器迅速动作，将一定计量的物料推送到包装台上进行裹包包装，如图 4.9 所示。

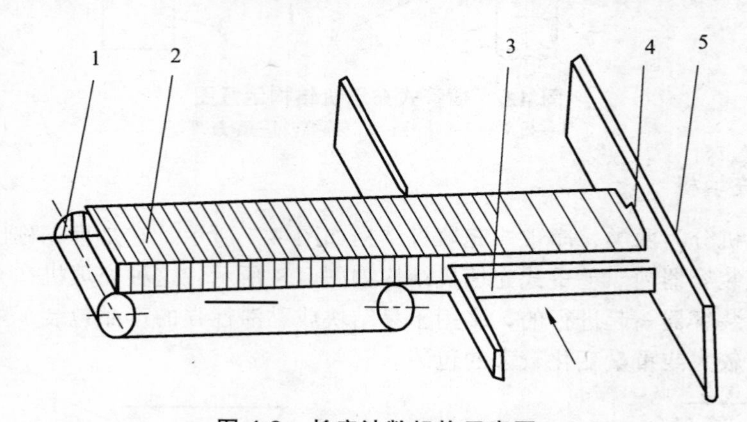


**图 4.9　长度计数机构示意图**

1—输送带；2—被包装产品；3—横向推板；4—触电开关；5—挡板

② 容积计数机构。这种计数机构通常用于具有一定等径、等长之类物料的包装上。图 4.10 所示，为容积计数机构的工作原理图。物料自料斗下落到定容箱内，形成有规则的排列。为避免物品在料斗中架桥起拱，通常将料斗箱以凸轮机构带动进行振动。定容箱腔充满时，即达到了预定的计量数。这时料斗与定容箱之间的闸门关闭，同时定容箱底门打开，物料就进入包装盒。此次包装完毕之后，则定容箱底门关闭，而进料闸门打开，如此第二次包装计量工序开始进行。这就是容积计数机构的工作原理。

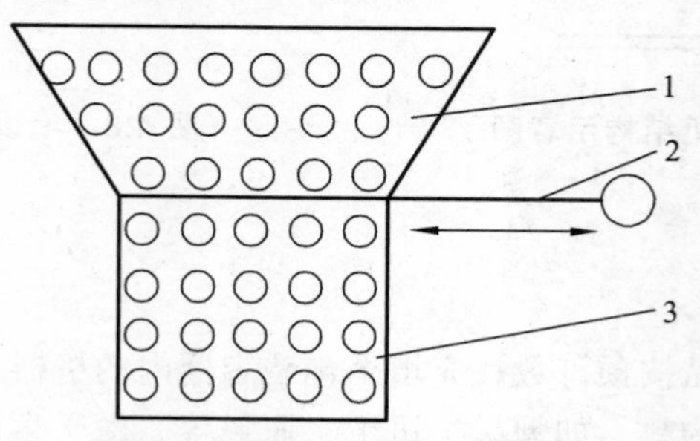


**图 4.10　容积计数机构示意图**

1—料斗；2—闸门；3—定容箱

③ 堆积计数机构。如图 4.11 所示，这是一种普通的堆积计数机构。在包装的时候，计量托与上下推头协同动作，完成取量以及大包装的工作。首先托体作间歇运动，每移动一格，则从料斗中落送一包至托体中，但料斗的启闭时间随着托体的移动均有一相应的滞差，故托

体移动 4 次之后才能完成一大包的计量充填。这种机构也还可以用于形状式样及大小有所差异的小包装物料的计数包装。

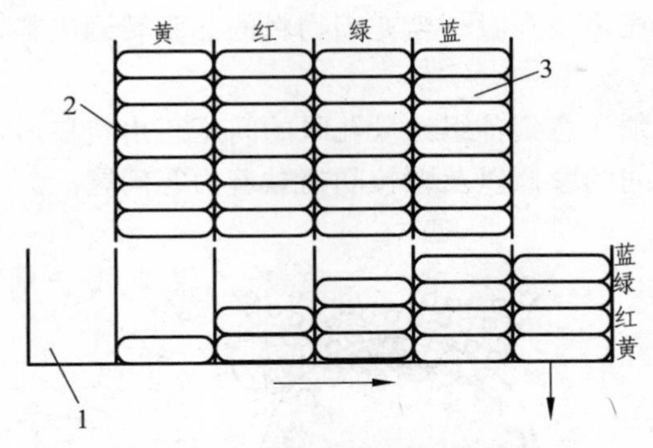


图 4.11　堆积计数机构示意图

1—托体；2—料斗；3—物品

（2）包装食品呈杂乱形的计数机构。

被包装的物品多为颗粒状，如巧克力糖、药片等。一般来说，它们各自都有一定的重量与形状，但难于排列，而包装时又常常是以计数方式进行。这类计数机构常见有以下几种：

① 转盘计数机构。盛料箱、固定卸料盘以及卸料倾斜槽由支架固定在底盘上，如图 4.12 所示。包装时，转动的定量盘上的小孔通过料箱底部时，料箱中的物料就落入小孔中（每孔一颗）。由于定量盘上的计数小孔分为 3 组，组与组之间互成 120°夹角，所以，当定量盘上的小孔有两组进入装料工位时，则必有一组处在卸料工位卸料。物料通过卸料槽口充入包装容器。为确保物料能顺利地进入计量盘的小孔中，常使定量盘上小孔的直径比物料的直径略大 0.5 ~ 1 mm，盘的厚度也较物料的厚度稍厚些。料箱的正面平板多采用透明材料，以利于观察料箱内物料及充填入孔的状况。此板底部与计量盘上表面之间不宜留有过大间隙，以防物料多余转出或将物料刮碎。

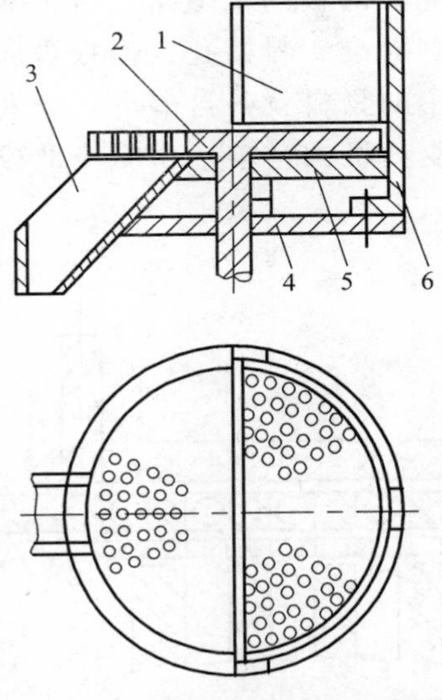


图 4.12　转盘计数机构示意图

1—料斗；2—定量盘；3—卸料槽；4—底盘；5—卸料盘；6—支架

② 转鼓式计数机构。其示意图如图 4.13 所示。它应用于糖豆等长径比较小的颗粒物料集合自动包装计量。计量原理与转盘式计量原理基本相同。转鼓运动时，各组计量孔眼在料斗中搓动，物料靠自重而充填入孔眼。当充满物料的孔眼转到出料口时，物料又靠自重跌落下去，充填入包装容器。

采用此种计数机构必须注意到各组计量孔眼的间距与出料口所占弧角的关系，同时还要考虑到物料与转鼓壳体之间的摩擦以及颗粒间的黏着力等问题。

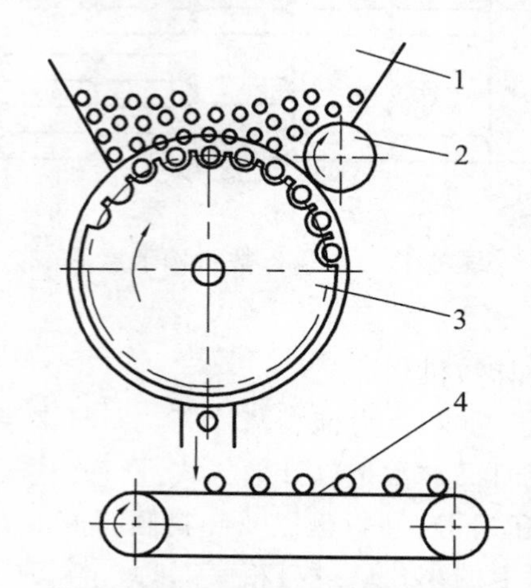


**图 4.13 转鼓式计数机构示意图**

1—料斗；2—拨轮 3—计数转鼓；4—输送带

③ 推板式计数机构。其示意图如图 4.14 所示。这是一种推板式计数充填机构，包装时利用推板上一定数目的孔眼计数物料。初始时，推板自右向左移动，孔眼逐个通过料箱供料口，一旦孔口对正，物料就落入推板孔眼中。生产中一般设计是每一个孔眼容纳一粒物料，但也可以设计为一孔多粒。继续向左推移推板，弹簧受到越来越大的压力，当弹簧压缩到产生的弹力足以克服漏板的摩擦阻力时，推板、漏板及弹簧一起左移，直到被挡块挡住，此时漏板孔恰好对准卸料槽孔，推板再向左移动一个距离，就会出现 3 孔对齐的状态，于是推板孔眼中的物料就各自落下，分别充填入包装容器。至此，计数充填的一个循环完毕。接着，驱动机构又按指令驱使推板、漏板等迅速右移，并进行下一个包装循环过程。

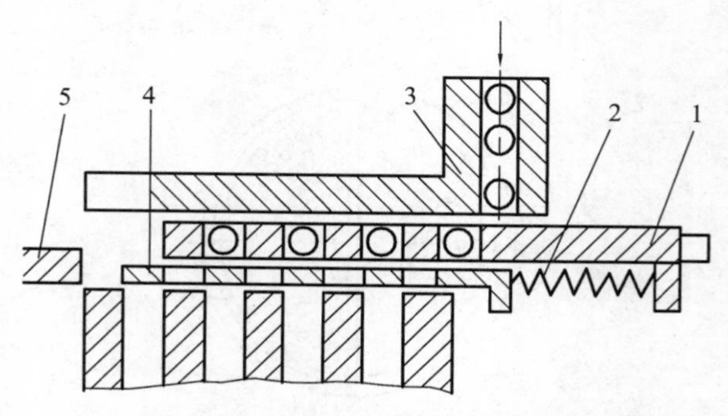


**图 4.14 推板式计数机构示意图**

1—推板 2—弹簧；3—供料槽体；4—漏板；5—挡板

## 三、实践操作

本书以 NJP 系列全自动胶囊充填机为例介绍充填机械的操作和维护。

### 1. 产品简介

NJP 系列全自动胶囊充填机是一种间歇式运转多孔塞计量全自动胶囊充填设备，能自动完成播囊、帽体分离、药物填充、废品剔除、帽体锁合、成品推出等工序，具有体积小、外形美、效率高、能耗低、噪声低、电控系统可靠、操作维护方便、胶囊适应性强、上机率高、装量准确等优点。

图 4.15 所示为 NJP-1200 型全自动胶囊充填机，可填充 3 种物料，满足缓释、控释和片剂药品装在同一粒胶囊中的需求，更加满足中西药、保健品厂的生产使用，完全符合药厂 GMP 要求。

图 4.15　NJP-1200 型全自动胶囊充填机

### 2. 主要技术参数（见表 4.2）

表 4.2　主要技术参数

| 项目 | 参数 |
|---|---|
| 生产能力 | 最大 1 200 粒/分 |
| 适用充填胶囊型号 | 00～5 号胶囊 |
| 胶囊上机率 | >99.5%（国产机制胶囊） |
| 装量差异 | ±3% |
| 工作条件 | 环境温度：20～25 °C，相对湿度：40%～50%<br>药样若为粉末状应满足：<br>粉末粒度 40～80 目，药粉具有一定可塑性，<br>药样若为微丸状应满足：<br>颗粒度 10～15 目（带微丸/颗粒下料装置） |
| 外形尺寸 | 970 mm × 800 mm ×（1 870 + 300）mm |
| 重量 | 900 kg |
| 电源输入 | 380 V 三相四线，50 Hz |
| 功率 | 主机 1.1 kW，真空泵 2.2 kW，吸尘器 2.2 kW，<br>加热 0.18 kW，共 5.68 kW |
| 供水要求 | 配有循环水箱，也可外接水源，250 L/h，0.4 MPa |
| 吸尘器（XGB） | 吸气量 160 $m^3$/h　真空度 16.67 kPa，380 V，2.2 kW |

### 3. 全自动胶囊充填机的操作

（1）接通电源。

（2）检查所有安全设置是否都正确地配备和调节好。

（3）在不带胶囊和药粉的情况下，用手轮按机器运转方向转动 1 ~ 3 周。视其正常后，将胶囊和药粉分别装入胶囊斗内，药粉填入粉斗的高度要低于容器最高位 60 mm。同时，计量分配室中应有一半以上的药粉。

（4）调节好充填杆预置插入计量盘的深度。

（5）一切调节好后，按主机点动，点动正常后方能启动开关作全自动运行。

（6）速度调节在主电机运转时进行。

（7）在操作过程中，若发现填充成品呈不规则性，应检查容器，并视情况调整锁紧螺母，取出影响杂质。

（8）确保真空压力在规定范围内。

（9）生产完毕后关闭电源，并按照《充填机清洁标准操作规程》做好清洁维护工作。

（10）填写《设备运行记录》。

### 4. 全自动胶囊充填机的维护

（1）机器正常工作时间较长时，要定期对与药物直接接触的零部件进行清理，当更换药品批次或停用时间较长时，也要进行清理。

（2）机器工作台面下的传动机构要经常适量地添加润滑油（脂），以减少运动部件的磨损。

（3）主传动减速器每月要检查 1 次润滑油油量，不足时要及时添加，每半年更换 1 次润滑油；转盘工位分度箱每运转 3 000 h 要更换 1 次润滑油，一般采用 90#机油。

（4）安全离合器是在机器过载时起保护作用的，负载正常时离合器不应打滑，但由于长时间使用也可能会出现打滑的现象。当正常使用出现打滑现象时，可以将离合器的圆螺母拧紧些，以达到保证机器正常运转又能起保护作用的目的。

（5）定期打开机台的防护不锈钢护板，检查各传动齿轮、凸轮的锁紧圆销是否脱落。

（6）每周检查一次传动皮带的松紧度，并适当调整。

（7）定期清理。设备经过长时间工作之后，要定期清理与填充物直接接触的部件。

（8）填写《设备检修保养记录》。

## 四、评价与反馈

### 1. 自我评价与反馈

（1）你是否知道充填机的基本结构？（　　）

A. 知道　　B. 不知道

（2）你是否能够完成对充填机的日常维护？（　　）

A. 能够　　B. 在小组协作下能够完成　　C. 不能完成

（3）完成了本学习任务后，你感觉哪些内容比较困难？

______________________________________________
______________________________________________
______________________________________________
签名：__________　______年______月______日

2. 小组评价与反馈

（1）你们小组在接到任务之后是否分工明确？____________
（2）你们小组每位组员都能轮换操作吗？____________
（3）遇到难题时你们分工协作吗？____________
（4）对于小组其他成员有何建议？____________
参与评价的同学签名：__________　______年______月______日

3. 教师评价及回复

______________________________________________
______________________________________________
______________________________________________
教师签名：
______年______月______日

## 五、技能考核标准

对充填机进行日常维护，评分标准如表 4.3 所示。

**表 4.3　充填机的日常维护**

| 序号 | 内容 | 分值 | 得分 |
|---|---|---|---|
| 1 | 是否先切断电源 | 10 | |
| 2 | 清洁各个部位 | 15 | |
| 3 | 检查各部位的紧固情况 | 15 | |
| 4 | 检查传动皮带的松紧度 | 15 | |
| 5 | 检查传动齿轮和凸轮的锁紧圆销脱落情况 | 15 | |
| 6 | 检查安全离合器 | 10 | |
| 7 | 检查油量 | 10 | |
| 8 | 是否做记录 | 10 | |
| 总　分 | | 100 | |

# 学习任务五　捆扎机的使用与维护

## 一、学习任务描述

| 任务名称 | 捆扎机的使用与维护 | 任务编号 | 5 | 课时 | 6 |
|---|---|---|---|---|---|
| 学习目标 | 1. 了解捆扎机的功能<br>2. 了解捆扎机的常用材料<br>3. 了解捆扎机的分类<br>4. 了解捆扎机的工作原理和组成<br>5. 了解捆扎机的操作和注意事项 | | | | |
| 考评方式 | 按技能考核标准进行考核 | | | | |
| 教学组织方式 | 1. 理论准备<br>2. 实践操作<br>3. 评价与反馈<br>4. 技能考核 | | | | |
| 情境问题 | 一批货物将要进行长途运输，需用捆扎机进行捆扎，以便装卸 | | | | |

## 二、理论准备

### 1. 概　念

捆扎作业通常是指直接将单个或数个包装物用绳、钢带、塑料带等捆紧扎牢以便于运输、保管和装卸的一种包装作业。它是包装的最后一道工序。捆扎机是使用捆扎带或绳捆扎产品或包装件，然后收紧并将捆扎带两端通过热效应熔融或使用包扣等材料连接好的机器，又称打包机。捆扎机由机架、刀体结构、凸轮轴、电热头摆杆、电热头等组成。通过卸下弹性横销，再卸下刀滚轮架上的固定螺钉，而后调整螺钉以控制刀的长度，使刀的长度具有可调性和自动调节性能。

### 2. 捆扎的功能

由于包装物不同，捆扎要求不同，捆扎的形式也就多种多样。常用的捆扎形式如图 5.1 所示，有单道、双道、交叉、井字等多种形式。捆扎主要有以下功能：

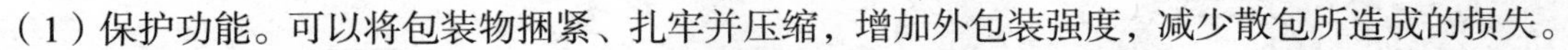

（1）保护功能。可以将包装物捆紧、扎牢并压缩，增加外包装强度，减少散包所造成的损失。
（2）方便。可提高装卸效率，节省运输时间、空间和成本。
（3）便于销售。例如：将蔬菜捆成一束，便可适合超级市场的销售。

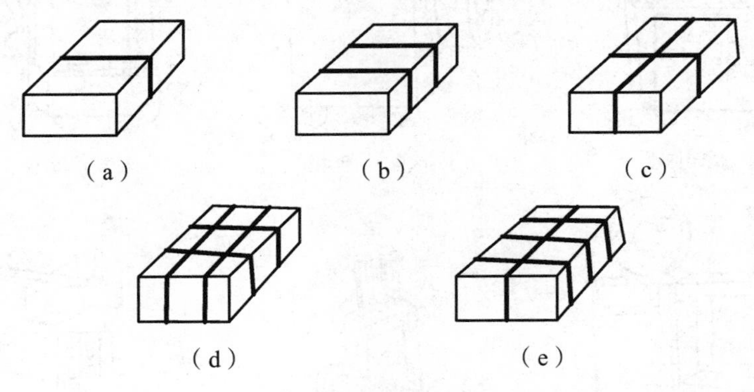


图 5.1　捆扎形式

## 3. 常用捆扎材料

目前，国外常用的捆扎材料有钢、聚酯（PETP）、聚丙烯（PP）和尼龙（PA）等 4 种。国内最常用的还是聚丙烯带和钢带两种。由于聚丙烯带成本低，来源广泛，捆扎美观牢固，所以逐渐成为国内一种主要的捆扎材料。

## 4. 捆扎机的分类

捆扎机的分类方法较多，下面介绍几种常用的分类方法：
（1）按自动化程度分：全自动捆扎机（见图 5.2）、半自动捆扎机和手提式捆扎机。
（2）按捆扎带材料分：绳捆扎机、钢带捆扎机、塑料带捆扎机。
（3）按结构形式、特征分：立式、卧式、台式捆扎机。

图 5.2　全自动捆扎机

各种捆扎机外形示意图如图 5.3 所示。

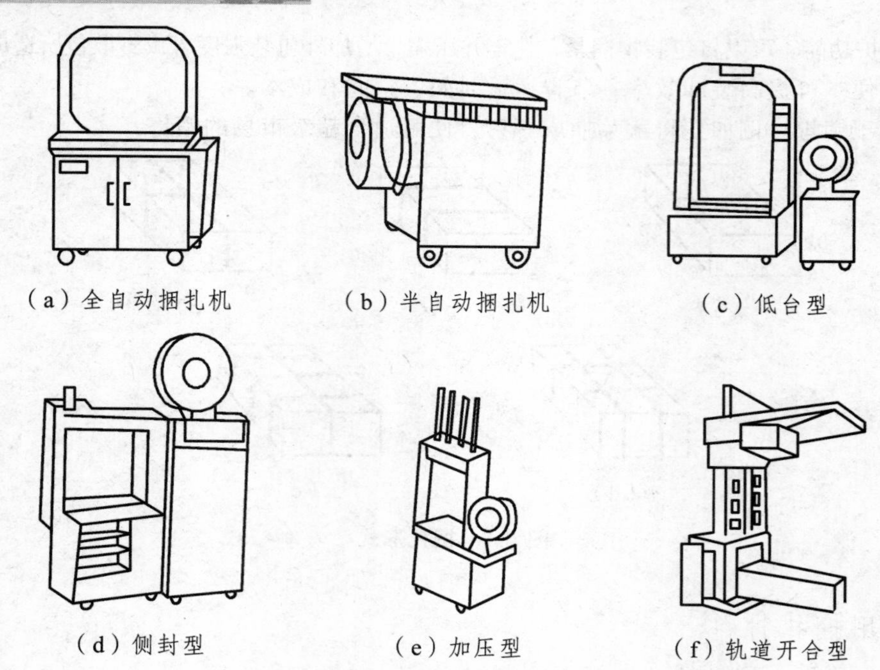

(a)全自动捆扎机　(b)半自动捆扎机　(c)低台型

(d)侧封型　(e)加压型　(f)轨道开合型

**图 5.3　各类捆扎机外形示意图**

塑料带自动捆扎机的几种类型如表 5.1 所示。

**表 5.1　塑料带自动捆扎机的类型**

| 类　型 | 型号(JB3090—82) | 主要用途 |
|---|---|---|
| 基本型 | KZ | 广泛应用于轻工、印刷、发行、邮电、五金、电器等工业进行各类包装物捆扎，特备是瓦楞纸箱、报刊等 |
| 全自动型 | KZQ | 该机在基本型的基础上添加台面输送机械，可实行自动包装线中的无人操作 |
| 低台型 | KZD | 工作台面较低，适用于捆扎大包、重包，如洗衣机、电冰箱、家具、棉纺织品、建材等 |
| 侧封式低台型 | KZDC | 工作台面较低，捆扎接头为侧封式，适用于捆扎大包、重包、易滑液或粉层较多的包装物 |
| 防水型 | KZS | 捆扎接头为侧封式，零件采用耐蚀材料，并经防锈处理，适用于捆扎冷冻食品、水产品、腌制产品等，也可供船舶使用 |
| 防尘型 | KZC | 捆扎接头为侧封式，可防尘、防灰、防粉末，适用于捆扎建材，砖瓦、废纸等 |
| 加压型 | KZY | 该机在基本型的基础上，加设加压(气压或液压)装置，以对包装物压缩后再捆扎，适用于捆扎皮革、纸制品、针织品、纺织品等软性和有弹性的包装物 |
| 小　型 | KZX | 适用于捆扎小型包装物 |
| 轨道开合型 | KZK | 适用于捆扎各种圆筒状或环状包装物 |

## 5. 捆扎机的工作原理和组成

本节以常用的塑料带捆扎机为例分析捆扎机的工作原理及特点。

图 5.4 所示为捆扎工艺过程示意图。（a）为送带过程，当捆扎带 2 的自由端碰到微动开关 1 时送带停止；（b）为当第一压头 5 压住带的自由端时，送带轮 6 反转，收紧捆扎带；（c）为当第二压头 3 上升压住捆扎带的收紧端，且加热板 8 进到捆扎带间对捆扎带进行加热；（d）为经一定时间加热达到要求时，加热板 8 退出，同时封接压头 4 上升，切断捆扎带并对捆扎带进行加压熔接，冷却后得到牢固的接头。

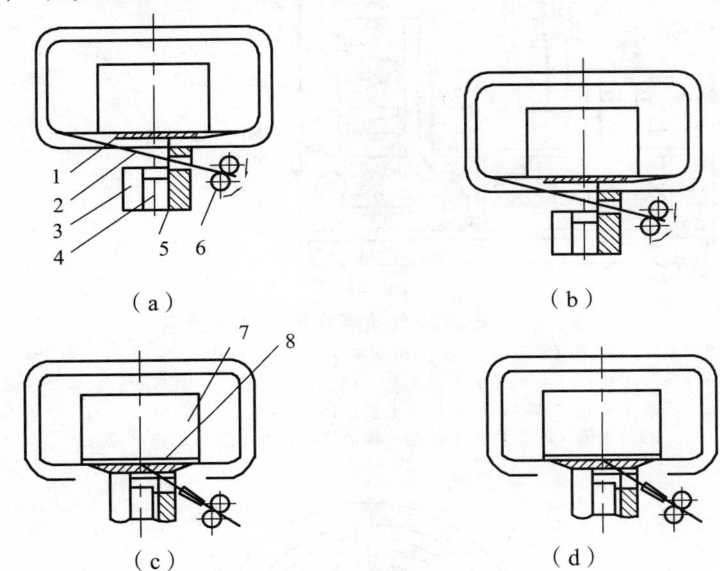


图 5.4　捆扎工艺过程示意图

1—微动开关；2—捆扎带；3—第二压头；4—封接压头；
5—第一压头；6—送带轮；7—包装箱；8—加热板

塑料带自动捆扎机主要由送带、退带、接头连接切断装置、传动系统、轨道机架及控制装置组成。捆扎机工作原理（见图 5.5）如下：压下启动按钮，电磁铁 5 动作，接通离合器 4，将运动传递给凸轮分配轴箱 2，分配轴的凸轮按工作循环图的要求控制各工作机构动作。

### 1）送带机构

由图 5.5 可知，电磁铁 12 通电，将摆杆下拉，压轮将塑料带压紧在送带轮 13 上，由于送带轮 13 持续逆时针回转，于是塑料带便从储带箱 21 中抽出，送入导轨。

要保证送带的顺利，通常送带速度大于 1.8 m/s。当带子送到头，触动微动开关 9，电磁铁 12 断电，装有压轮的摆杆在弹簧力的作用下拾起，停止送带。

### 2）带盘阻尼装置

为防止带盘因惯性使塑料带自行松展，通常带盘上装有阻尼装置，如图 5.6 所示。塑料带从带盘 2 上经滚轮 5、7 进入预送带机构。当需预送带时，塑料带被拉紧，使摆杆 6 绕摆动轴 9 顺时针摆动一角度，制动皮带 4 放松，带盘 2 可以自由转动。当预送带停止，塑料带围

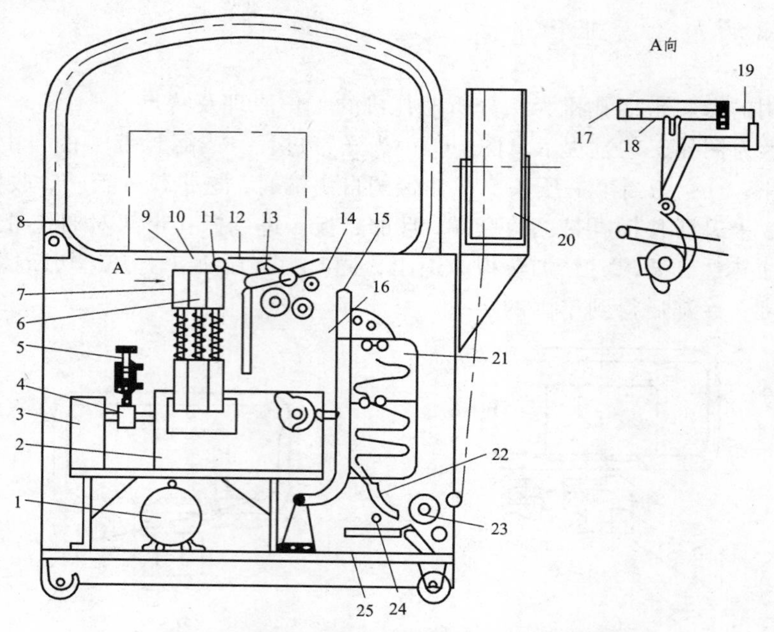


**图 5.5　塑料带自动捆扎机结构示意图**

1—电动机；2—凸轮分配轴箱；3—减速带；4—离合器；5—电磁铁；6—第三压头；7—第二压头；8—导航；9—微动开关；10—剪刀；11—第一压头；12—送带压轮电磁铁；13—送带轮；14—收带轮；15—二次收带摆杆；16—收带压轮电磁铁；17—面板；18—舌板；19—加热板；20—带盘；21—储带箱；22—跑道；23—预送轮；24—微动开关；25—预送压轮电磁铁

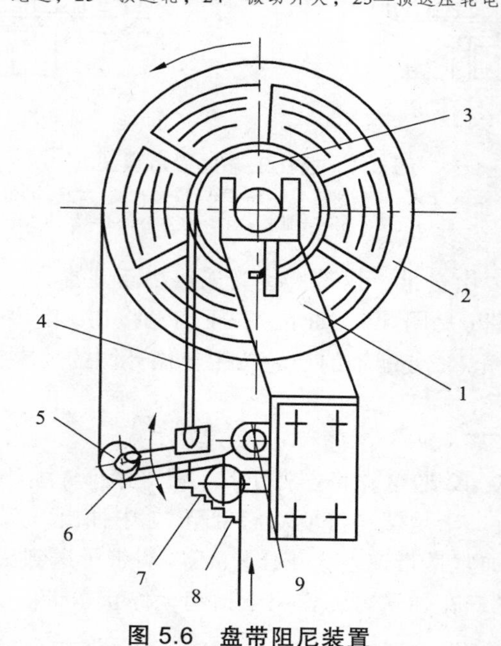


**图 5.6　盘带阻尼装置**

1—支撑架；2—带盘；3—制动轮；4—制动皮带；5—滚轮；6—摆杆；7—滚轮；8—拉簧；9—摆动轴

绕带盘惯性松展继续，摆杆 6 在自重及拉簧 8 的共同作用下逆时针摆动，使制动皮带 4 压紧制动轮 3，由于摩擦力使带盘 2 停止转动，从而避免了塑料带的自行松展。

### 3）收紧机构

捆扎机一般采用二次收紧，一次收紧主要是快速收带，二次收紧目的是捆紧。一次收紧的工作原理如前所述。一次收带结束后，要保持捆扎带具有一定的张紧力，且收带轮与塑料带不能产生滑动。因为捆扎物体大小不同，收紧时抽回的带子长度无法一样，因此用压轮的转数或时间长短无法控制压轮及时脱开。

收带轮的结构如图 5.7 所示。摩擦锥轮 3 与轴 1 采用键联接，连续回转。调节螺母 5，可调整锥轮 3 与收带轮 2 之间摩擦力的大小。当收紧力达到要求（通常 49～68N）时，收带轮相对锥轮打滑，收带轮停止转动，收带结束，但塑料带仍保持一定的张紧力。

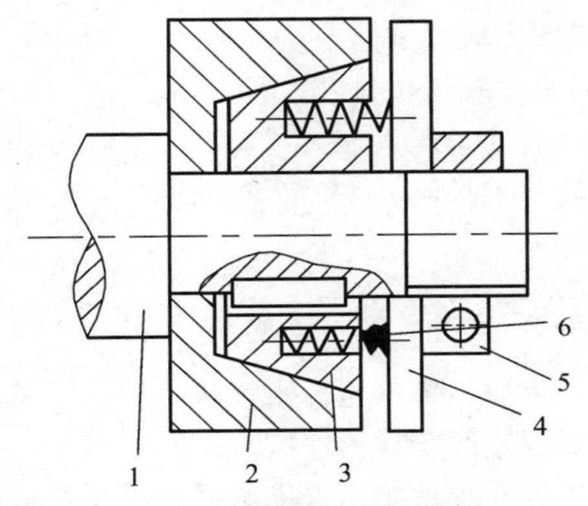


图 5.7　收紧轮结构示意图

1—轴；2—收带轮；3—锥轮；4—挡圈；5—调节螺母；6—弹簧

二次收紧机构如图 5.8 所示。凸轮回转，推动摆杆 11、12 右摆时，离合销 7 被斜面板 6 顶出，使离合销 7 中部的半圆形键从紧抓压脚 3 的凸槽中脱开，同时带有齿形的紧抓压脚 3 在扭力弹簧 1 的作用下顺时针转动，将塑料带压紧在楔块 8 上随同摆杆一起右摆，完成二次收紧。

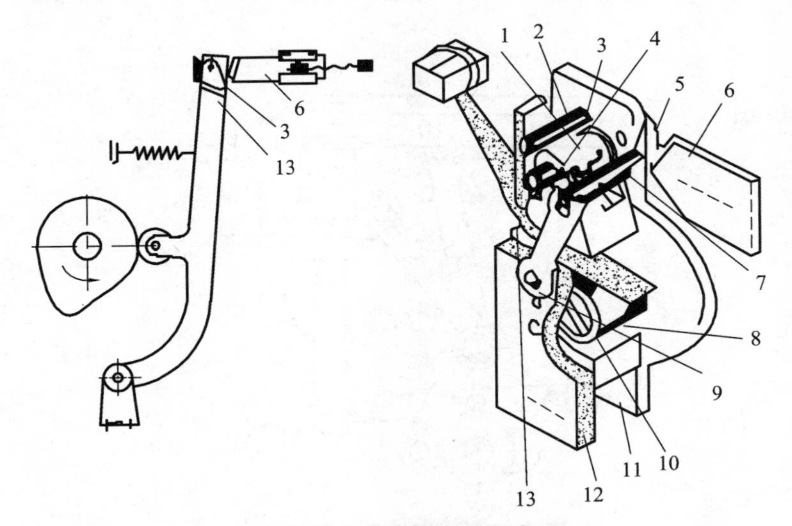


图 5.8　二次收紧机构示意图

1—扭力弹簧；2—肩销；3—紧抓压脚；4—小轴；5—定位板；6—斜面板；7—离合销；8—楔板；9—板簧；10-滑轮；11—后摆杆；12—前摆杆；13—顶块

当捆扎带被张紧到最大程度（即张紧凸轮工作行程终点）时，第二压头正好上升压住带尾，环绕包装件的带子不会再松开。摆杆左摆复位时，紧抓压脚 3 被顶块 13 撞开，离合销 7 在板簧 9 的压力下，使半圆形键重新压入紧抓压脚 3 上的凹槽内，将紧抓压脚 3 锁住，做下一次循环准备。二次收紧的程度通过斜面板 6 的左右位置调整得以实现。

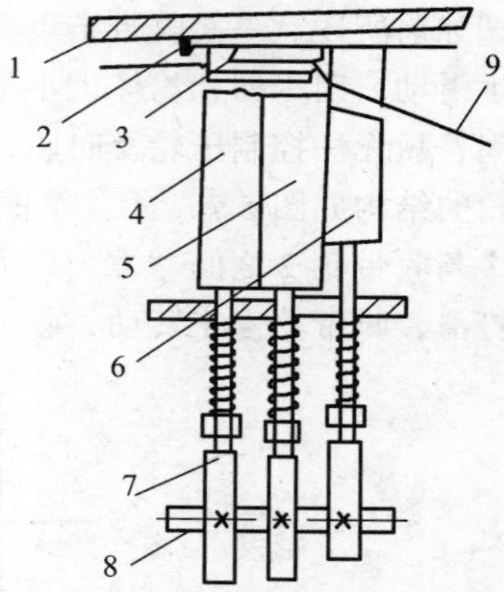

4）夹压机械装置

在进行包装件捆扎时，捆扎带输送至要求位置后，需要夹压装置，以便完成收紧热熔焊接等作业。图 5.9 所示为常用夹压机械装置原理图。夹压机械装置共有 3 个压头，由安装在同一轴上的 3 个凸轮分别控制，完成捆扎过程中的动作。

图 5.9　夹压机械装置原理图

1—捆扎机导轨；2—微动开关；3—活动夹舌；4—第二压头；5—封接压头；6—第一压头；7—凸轮；8—凸轮轴；9—捆扎带

5）捆扎接头连接机械装置

捆扎带收紧捆绕在包装件上后，要将这种张紧状态保持下来，使之在储运中不松散，必须在收紧后的捆扎带两端头形成紧固牢靠的连接。

捆扎的连接方法有热熔焊接、胶粘接、卡子机械固接及扎结等。聚丙烯捆扎带若用卡子机械固接，其强度只有母材的 50%；胶粘剂连接也不适用。热熔焊接应用最为广泛。热熔焊接的机械装置如图 5.10 所示。常用的加热板是电加热板，多采取脉冲电加热或高频电加热方式。加热时间与加热温度与捆扎带材料有关，通常多取高温、短时加热方式，加热时间约为 0.2 ~ 0.3 s。封接压头所加压力在加热阶段要低些，电热板撤出后的封接压力要大些，加压时间宜长些，一般从加热到压封结束需 0.7 ~ 0.9 s。

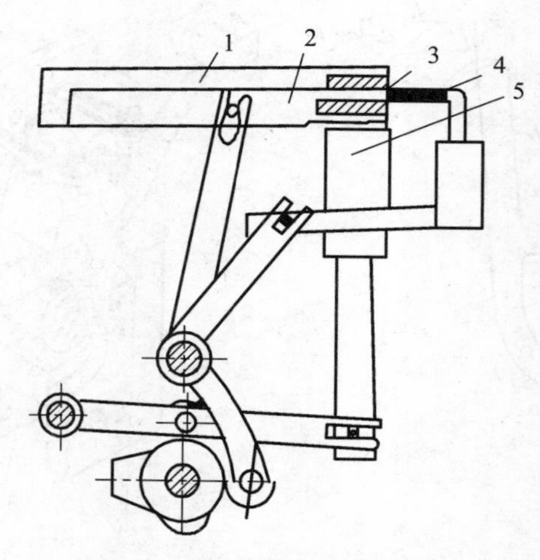


图 5.10　热熔焊接装置原理图

1—衬热板；2—衬台；3—捆扎带；4—电热板；5—封接压头（第三压头）

**6）捆扎机的导轨架**

导轨架内的导槽是进行捆扎送带、引导带子自由端进入的装置。抽拉收紧时，捆扎带又能从导槽中脱出。因此导槽结构应能保证捆扎带自由端顺利送进，且阻力小。还应保证捆扎带能顺利从导槽脱出，但带子在送进时不能从导槽中脱出。因此导槽的断面形状可采用图 5.11 右上或右下图所示的封闭环形。

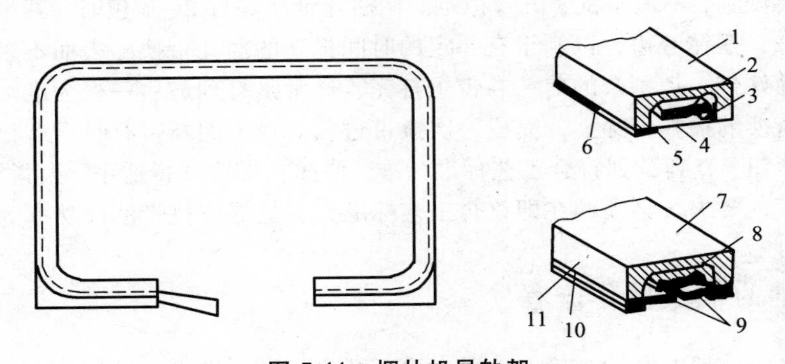


**图 5.11　捆扎机导轨架**

1—U 形架；2—捆扎带；3—固定弹簧片；4—弹性活动片；5—扭簧；6—压板；7—U 形架；8—捆扎带 9—软性带；10—导轨带

**7）打结机构**

捆结机所完成的打结动作，主要是由打结机构完成的。打结机构的部件如图 5.12 所示。

## 三、实践操作

### 1. 捆扎机的工作流程

捆扎机可分为半自动捆扎机和自动捆扎机，它们的工作原理比缠绕机简单。捆扎机（打包机）是使用捆扎带缠绕产品或包装件，然后收紧并将两端通过热效应熔融或使用包扣等材料连接的机器。捆扎机的功用是将包装物捆紧、扎牢并压缩，既增加外包装强度，保证包件在运输、储存中不因捆扎不牢而散落，减少散包所造成的损失，又便于提高装卸效率，节省运输时间、空间和成本，同时还应捆扎整齐美观，以便于销售。捆扎机应用范围广泛，几乎应用于所有行业的产品包装中。

（1）退带张紧。一夹头上升夹住塑料带头，送带轮反转退带，将多余的塑料带退回储带盒，并勒紧被捆物。随后，机械手夹住塑料带，将包件进一步勒紧至所调紧度。

（2）切带粘合。导向板从两层塑料带中间退出，同时，电烫头同步插入两层带之间，接着二夹头上升夹住塑料带另一端带头，切刀切断带子，并将带头推向烫头与之接触，受热熔化（表面），随即电烫头快速退出，切刀继续上升将表面已熔化的两层塑料带压在承压板上，并冷却凝固，两带粘合（YKM-WY 机没有烫头，依靠摩擦完成粘合）。

（3）脱包。承压板退出捆扎好的塑料带圈，各夹头复位，完成捆扎。

（4）送带轮正转把塑料带由储带盒送入轨道，准备下一次捆扎。

（5）卸载。以上是单道捆扎的过程，当机器处于连动状态时，送带完毕后便直接进入退带张紧程序，按上述程序循环连续进行。

打包物体基本处于纸箱捆扎机中间，首先右顶体上升，压紧带的前端，把带子收紧捆在物体上，随后左顶体上升，压紧下层带子的适当位置，加热片伸进两带子中间，中顶刀上升，切断带子，最后把下一捆扎带子送到位，完成一个工作循环。

换捆扎带要做到，不慌不乱，沉着稳定。在捆扎带还够打 2 ~ 3 包时，就把捆扎带从捆扎带架子上取下来，摆在旁边，以利于有一定的时间把新的捆扎带换上去而不影响正常生产。换好后按顺序穿好带，把剩余的前一卷带子打完，通常是打到最后一根为准。例行节约，杜绝浪费。再把新换的捆扎带穿上，完成一次换带过程。换上的新带有时会有松紧不匀现象，应及时调整松紧钮，直到调到符合工艺标准为准。调捆扎带要调得适中，太紧容易打不上带，过松又不符合工艺要求。必须调在即符合工艺标准，又能保证打带的成功率为最佳。

### 2. 捆扎机的机械操作流程

（1）接通电源：把电源插头接上电源，按下开关，指示灯亮。

（2）预热烫头：把温度调到所需温度，预热 1 min，若缩短预热时间，可按下快速加热按钮约 5 s。

（3）选择送带定时（送带长度控制），时间调节范围 0 ~ 6 s，根据包件大小，调节所需的传送长度。

（4）开动电机：合上开关，电机启动，若 30 s 内不捆扎，电机自动停止，按下送带或退带按钮，可重新转动。

（5）包件定位：把包件放在机器工作台上，用手抓住带头绕过包件，插进“带子入口”。

（6）捆扎：带头进入“带子入口”后，触动微动开关，机器便自动压住带头，完成退带、拉紧、切带、烫带、复原等动作。然后自动送出一定长度的带子，此时，便完成一次捆扎的全过程。

（7）送带及复位：如送出带长度不够可按下送带按钮。

（8）退带及复位：按退带按钮，捆扎带退出机器，机器自动复位。

（9）关机：每次用完后，应关上电源开关或电机开关。

### 3. 捆扎机的使用注意事项

（1）禁止测试直流电机控制板，以及 PLC 输入点与地线之间的电压。

（2）操作变频器前务必详细阅读随机的变频使用手册。

（3）捆扎机正常使用时，定期检查机器各个连接部分是否松动或脱落，如有务必紧固。

（4）严禁移动或拆除上下固定限位块。

（5）捆扎机转盘应按顺时针方向运转。

（6）薄膜系统下面严禁站人或堆放任何物体。

（7）薄膜系统转辊转动时，严禁向内伸手或伸入其他物体，以防损伤胶辊或手指。

（8）严禁在运行过程中将手伸入链条附近进行维修或检查，或进行其他操作，防止伤手。

（9）捆扎机运转时，操作者应站在离转盘一定距离的安全地方，机器完成一个工作过程

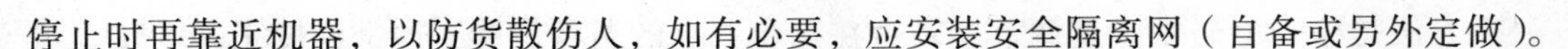

停止时再靠近机器，以防货散伤人，如有必要，应安装安全隔离网（自备或另外定做）。

（10）应牢靠接地或接零（零地不得混接），以防漏电损伤机器或人员。

（11）捆扎机搬离原位置时应由专业人员重新安装和测试机器，并确定安全后再使用。

（12）定期检查电气及电气连接、清洁电气柜。

## 4. 捆扎机的调试注意事项

### 1）运转前的检查

（1）检查无人化打包机紧固体有无松动。

（2）向减速器加注液体润滑油，观察油路是否畅通。

（3）检查电机及电器设备是否干燥，绝缘是否良好。

（4）检查外电源是否符合机器的电源要求。

### 2）检查后的空运转

电源接通后，按下“CONTINUOUS”按钮，连续空运转，检查接近开关的位置是否正确。

（1）当两个接近开关感应到所示送带探头时，主电机启动，机器开始送带。

（2）当两个接近开关感应到退带探头时，主电机停转，退带电机启动，机器开始退带。

（3）当两个接近开关感应到停机探头时，主电机停转。

## 5. 捆扎机的日常维护

捆扎机使用前必须检查捆扎机部件光电管是否完好,反光板是否对正和上面是否有灰尘，如果未对正则把它对在正确的位置，除去上面的灰尘。检查各部件螺丝，螺帽是否有松脱现象，有应及时上紧。如果有缺钉少帽现象，必须通知修理人员及时进行处理。检查送带轨内有无杂物堵塞，如果有必须清除，再用压缩空气吹出送带轨内的灰尘。

检查曲轴部分是否缺油。如果缺油，必须对曲轴用蘸滴式方法进行加油，通常是用一小棍蘸油，慢慢地滴在轴上，不能用倒的方式流到送带轨中，避免打带时打滑，打不紧带子。开机过程中如果发现有异常现象，如，声音大、振动大、有异味等，如果自己处理不了，应停止自动捆扎机请修理人员来处理，以免造成内部零件的损坏。

在捆扎带的生产过程中，由于生产来料的稠密度、设备故障和人为因素等的影响，使得捆扎带制造出来后，带子规格不稳定，常出现厚薄不匀、宽窄不匀和表面粗糙的情况。使得在打包过程中出现打不上带、打不紧带、卡带等现象，直接影响生产的进度和打包的质量。以上问题通常的处理方法是：先检查是设备还是带子的原因，如发现带子厚薄不匀，宽窄不匀等，就要剪去不合格的那一小段带子，再进行试打；如打得上带而打不紧带时，再调整捆扎机上的松紧钮进行调整，直到调到打上的带子符合工艺标准为止。

捆扎机带子质量不稳定还会造成进带困难，或者直接进不去带，甚至会造成卡带现象。如果一卷带子大部分都不符合质量标准，那就再换一卷新的带子进行试打。若生产中发现打包物直接过去没被打带，或者其中的某一根没打上，则应该检查光电管和反光板是否对正。如果未对正应把它们对正；如果有损坏应通知电工更换。若打包物到了该打带的位置而不打带，处理方法是检查电烙铁温度调节器是否在符合要求的温度位置。通常温度是300 °C，可根据环境温度的高低适当地在正负10 °C间调节。

捆扎机温度过高会造成带子被烫薄后容易断裂，温度过低带子粘不上带。送带轨松脱一般情况下都是螺帽脱落引起。送带轨松脱会造成带子向旁边滑出，无法到达标准位置，导致打不上带。卡带也是很常见的问题，开机过程中，由于操作不当或者带子不合规格，都会造成带子卡在送带轨中。这就需要把送带轨旁的挡带板拆下来，把卡在里面的带子掏出来，再用压缩空气把残留在里面的捆扎带残余部分和灰尘吹出来。

## 四、评价与反馈

### 1. 自我评价与反馈

（1）你是否知道捆扎机的基本结构？（　　）

A. 知道　　B. 不知道

（2）你是否能够完成对捆扎机的日常操作？（　　）

A. 能够　　B. 在小组协作下能够完成　　C. 不能完成

（3）完成了本学习任务后，你感觉哪些内容比较困难？

______________________________________________

______________________________________________

______________________________________________

签名：__________　　________年________月________日

### 2. 小组评价与反馈

（1）你们小组在接到任务之后是否分工明确？ __________

（2）你们小组每位组员都能轮换操作吗？ __________

（3）遇到难题时你们分工协作吗？ __________

（4）对于小组其他成员有何建议？ __________

参与评价的同学签名：__________　　________年________月________日

### 3. 教师评价及回复

______________________________________________

______________________________________________

______________________________________________

教师签名：

________年________月________日

## 五、技能考核标准

对捆扎机进行日常维护，评分标准如表 5.2 所示。

表 5.2　捆扎机的日常维护

| 序号 | 内　容 | 分值 | 得分 |
| --- | --- | --- | --- |
| 1 | 检查捆扎机紧固体有无松动 | 5 | |
| 2 | 捆扎机的平时清理 | 10 | |
| 3 | 检查捆扎机部件光电管是否完好 | 5 | |
| 4 | 检查外电源是否符合机器的电源要求 | 15 | |
| 5 | 观察油路是否畅通 | 15 | |
| 6 | 检查电机及电器设备是否干燥 | 10 | |
| 7 | 检查渗漏情况 | 15 | |
| 8 | 除去机油滤清器的沉淀物 | 10 | |
| 9 | 捆扎机的各部分松紧程度 | 10 | |
| 10 | 螺帽脱落情况 | 5 | |
| 总　分 | | 100 | |

# 学习任务六　剪板机的使用与维护

## 一、学习任务描述

| 任务名称 | 剪板机的使用与维护 | 任务编号 | 6 | 课时 | 6 |
|---|---|---|---|---|---|
| 学习目标 | 1. 了解剪板机的分类<br>2. 液压摆式剪板机的设备结构以及工作原理<br>3. 液压摆式剪板机控制系统以及性能特点<br>4. 液压摆式剪板机的操作流程<br>5. 液压摆式剪板机操作时的注意事项<br>6. 液压摆式剪板机的日常维护和保养 | | | | |
| 考评方式 | 按技能考核标准进行考核 | | | | |
| 教学组织方式 | 1. 理论准备<br>2. 实践操作<br>3. 评价与反馈<br>4. 技能考核 | | | | |
| 情境问题 | 对一台液压摆式剪板机进行日常维护 | | | | |

## 二、理论准备

如图 6.1 所示，剪板机是用一个刀片相对另一刀片做往复直线运动来剪切板材的机器。它借助运动的上刀片和固定的下刀片，采用合理的刀片间隙，对各种厚度的金属板材施加剪切力，使板材按所需要的尺寸断裂分离。剪板机属于锻压机械中的一种，主要用于金属加工行业，其产品广泛适用于航空、轻工、冶金、化工、建筑、船舶、汽车、电力、电器、装潢等行业。

### 1. 剪板机的分类

剪板机的分类：一般剪板机可分为：脚踏式（人力）剪板机、机械式剪板机、液压摆式剪板机、精密液压闸式剪板机，如表 6.1 所示。这里主要介绍液压摆式剪板机。

表 6.1　剪板机的分类

| | |
|---|---|
| 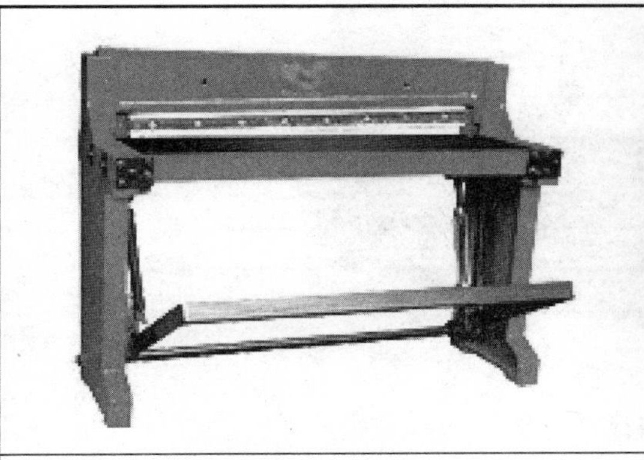 |  |
| 脚踏式剪板机 | 机械式剪板机 |
|  |  |
| 液压摆式剪板机 | 精密液压闸式剪板机 |

## 2. 液压摆式剪板机

剪板机常用来剪裁直线边缘的板料毛坯。剪切工艺应能保证被剪板料剪切表面的直线度和平行度要求，并尽量减少板材扭曲，以获得高质量的工件。

### 1）设备结构

液压摆式剪板机外形如图 6.1 所示，它是一种精确控制板材加工尺寸，将大块金属板材进行自动循环剪切加工，并由送料车运送到下一工序的自动化加工设备。其整个工艺过程符合顺序控制的要求，在控制过程中，采用可编程控制器对自动剪板机进行控制，较好地解决了采用继电器-接触器控制，控制系统较复杂，大量的接线使系统可靠性降低，也间接地降低了设备的工作效率这一问题。其原理如图 6.2 所示。因此，将 PLC 应用于该控制，具有操作简单、运行可靠、抗干扰能力强、编程简单，控制精度高的特点。在控制的过程中，剪板机剪板的个数可根据工艺参数方便地修改，而且利用光电接近开关检测板料状态非常准确。

图 6.1　液压剪板机外形

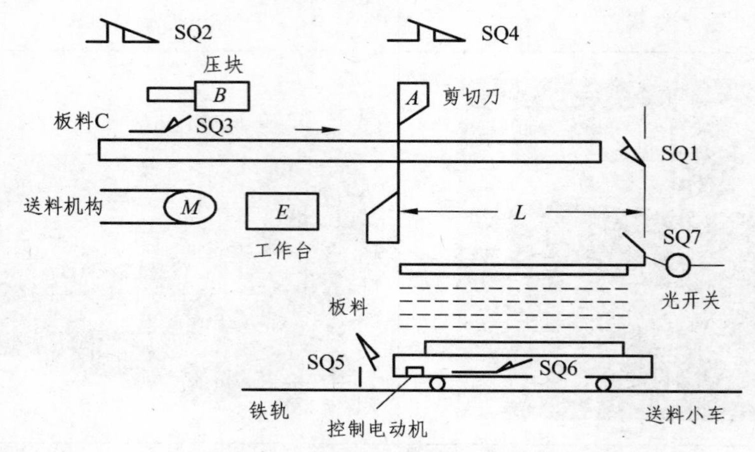


图 6.2　液压摆式剪板机原理图

系统设置了 7 个限位开关，分别用于检测各部分的工作状态。其中，SQ1 检测待剪板料是否被输送到位；SQ2、SQ3 分别检测压块 B 的状态，检测压块是否压紧已到位的板料；SQ4 检测剪切刀 A 的状态；SQ7 为光电接近开关，检测板料是否被剪断落入小车；SQ5 用于检测小车是否到位；SQ6 用于判断小车是否空载。送料机构 E、压块 B、剪切刀 A 和送料小车分别由 4 台电动机拖动。系统未动作时，压块及剪切刀的限位开关 SQ2、SQ3 和 SQ4 均断开，SQ1、SQ7 也是断开的。

**2）工作原理**

液压摆式剪板机工作过程可进行点动、单次和连续 3 种动作选择。

（1）点动。选择点动操作挡位，踩下脚踏慢进，下压剪切机构自动下压，触碰下行程开关停止下压；下压过程松脚踏慢进，停在当前运行位置；下压过程踩下脚踏回程，下压剪切机构自动回程，触碰上行程开关停止回程；回程过程松开脚踏回程，停在当前回程位置。

（2）单次。设定保压时间、卸压时间、水平挡料进退距离，调整好水平挡料位置；选择单次操作挡位，下压剪切机构不在上行程开关位首先自动回上行程开关位；踩下脚踏慢进，下压剪切机构自动下压；碰下行程开关时，水平挡料机构后退设定距离，同时自动进行保压；

保压时间到自动进行卸压，卸压时间到下压剪切机构自动回程，同时水平挡料机构自动前进设定距离；碰上行程开关，单次剪切动作结束。

（3）连续（工步）：

① 设定保压时间、卸压时间、水平挡料进退距离，调整好水平挡料位置。

② 设定工步数以及每个工步的挡料位置、剪板张数。

③ 选择连续操作挡位，下压剪切机构不在上行程开关位首先自动回上行程开关位；踩下脚踏慢进，下压剪切机构自动下压；碰下行程开关时，水平挡料机构后退设定距离，同时自动进行保压；保压时间到自动进行卸压，卸压时间到下压剪切机构自动回程，同时水平挡料机构自动前进设定距离；碰上行程开关，一次剪切动作结束，进行下一次剪板。

（4）当前工步剪切次数完成，碰上行程开关，水平挡料位置自动进行调整，进入下一工步剪切动作。

（5）所有工步动作完成，碰上行程开关，连续剪切动作结束。

工步工作流程如图 6.3 所示。

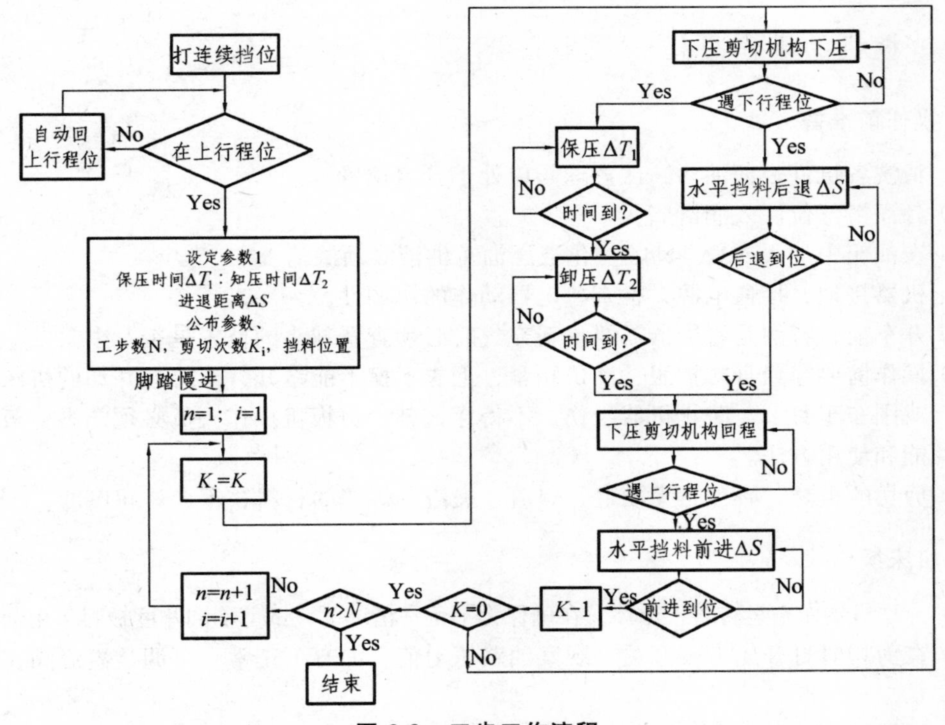


图 6.3　工步工作流程

**3）控制系统**

液压摆式剪板机控制系统由控制部分、驱动部分和监控部分组成。

采用 LM 系列的液压摆式剪板机由专用高速运动控制模块 LM3106A 控制。LM3106A 是专为实现高速运动控制而设计的模块，主要用于实现步进或伺服电机的定位控制。液压摆式剪板机驱动部件主要包括横向伺服电机和竖直液压气动装置。

**4）性能特点**

（1）采用钢板焊接结构，液压传动，蓄能器回程，操作方便，性能可靠，外形美观。
（2）刃口间隙调整有指示牌指示，调整轻便迅速。
（3）设有灯光对线装置，并能无级调节上刀架的行程量。
（4）采用栅栏式人身安全保护装置。
（5）后挡料尺寸及剪切次数有数字显示装置。
（6）液压传动、摆式刀架。机架整体焊接坚固耐用，使用蓄能器油缸回程，平稳迅速。
（7）具有无级调节行程的功能，上下刀片刃口间隙量用手柄调节，刀片间隙均匀度容易调整。
（8）防护栅与电气连锁确保操作安全。

## 三、实践操作

### 1. 剪板机的操作流程

**1）操作前准备**

（1）清洗各机件表面油污，注意球阀应处于开启位置。
（2）各润滑部位注入润滑脂。
（3）在油箱中加入 N32—N46 稠化液压油（油液必须滤清）。
（4）机器接地，接通电源，检查各电器动作的协调性。
（5）开车前，特别是蓄能器需要重新充气时必须查看球头的位置是否对中。
（6）操作前要穿紧身防护服，袖口扣紧，上衣下摆不能敞开，不得在开动的机床旁穿、脱衣服，或围布于身上，防止机器绞伤。不得穿拖鞋。剪板机操作人员必须熟悉剪板机主要结构、性能和使用方法。
（7）剪切的板材，必须是无硬痕、焊渣、夹渣、焊缝的材料，不允许超厚度。

**2）机床操作**

（1）开动机器做空运转若干循环，在确保无不正常情况下，试剪不同厚度板料（由薄至厚）。
（2）在剪切时打开压力表开关，观察油路压力值，如有不正常，可调整溢流阀，使之合乎规定要求。
（3）根据板厚调整刀片间隙至合适位置。
（4）把板料搬运到工作台上放好。
（5）根据裁剪板料尺寸，调整好后挡料板至适当位置。
（6）轻推钢板使板边与挡料板接触，对好剪切尺寸。
（7）踩下脚踏开关剪断钢板。
（8）重复（4）~（6）剪切下一板料。
（9）剪完一块/张钢板后换一块重复（4）~（8）加工。

3）操作中的注意事项

（1）工作前要认真检查剪板机各部是否正常，电气设备是否完好，润滑系统是否畅通；清除台面及其周围放置的工具、量具等杂物以及边角废料。

（2）不要独自1人操作剪板机，应由2～3人协调进行送料，控制尺寸精度及取料等，并确定由1人统一指挥。

（3）要根据规定的剪板厚度，调整剪板机的剪刀间隙。不准同时剪切两种不同规格、不同材质的板料；不得叠料剪切。剪切的板料要求表面平整，不准剪切无法压紧的较窄板料。

（4）剪板机的皮带、飞轮、齿轮以及轴等运动部位必须安装防护罩。

（5）剪板机操作者送料的手指离剪刀口应保持最少200 mm以外的距离，并且离开压紧装置。在剪扳机上安置的防护栅栏不能挡住操作者眼睛而看不到裁切的部位。作业后产生的废料有棱有角，操作者应及时清除，防止被刺伤、割伤。

（6）放置栅栏，防止操作者的手进入剪刀落下区域内。工作时严禁捡拾地上废料，以免被落下来的工件击伤。

（7）不能剪切淬过火的材料，也决不允许裁剪超过剪床工作能力的材料。

（8）切勿将手伸入上下刀片之间，以免发生事故。

4）液压摆式剪板机的维护与保养

（1）操作者必须经过培训，熟知机器的结构、性能。

（2）定期检查刀口，如发现刀口钝化，应及时打磨或调换，刀片的打磨只需打磨刀片的厚度。

（3）定期检查机器各部分，并保持机器及周围场地清洁，电线绝缘良好。

（4）定期检查油泵吸油滤网并保持其清洁。

（5）经常检查各开关、按钮、限位，动作要正常、灵活。定期检查修理开关、保险、手柄、保证其工作可靠。

（6）定期按机器铭牌要求位置加注润滑油，保持各运动部位运动良好。置于油泵吸油口上的网式滤油器应经常检查清洗，使滤油器保持通油量。若滤油器被阻塞，通油量减小，将会使油泵吸空并影响油泵的使用寿命，使机床不能正常的工作。

（7）定期检查液压油量及油温，按规定要求更换液压油。

（8）氮气缸不得充装氧气、压缩空气或其他易燃气体。

（9）电动机轴承内的润滑油要定期更换加注，并经常检查电器部分工作是否正常安全可靠。

（10）定期检查三角皮带、手柄、旋钮、按键是否损坏，磨损严重的应及时更换，并报备件补充。

（11）严禁非指定人员操作该设备，平常必须做到人离机停。

（12）每天下班前10 min，对机床加油润滑及擦洗清洁机床。

液压摆式剪板机由于是圆弧运动，而圆弧刀片制作又相当困难，一般是用刀片之后做垫铁补偿，所以得出的间隙并不精确，剪出来的板料也不是很理想。因为是弧形运动，其刀片也不能做成矩形，而应做成锐角，所以刀片的受力情况也不理想，刀片损伤也较严重。

## 四、评价与反馈

### 1. 自我评价与反馈

（1）你是否知道液压摆式剪板机的基本分类？（　　）

A. 知道　　B. 不知道

（2）你是否能够完成对液压摆式剪板机的正常操作？（　　）

A. 能够　　B. 在小组协作下能够完成　　C. 不能完成

（3）你能否独立完成对液压摆式剪板机的日常维护？（　　）

A. 不能　　B. 能

（3）完成了本学习任务后，你感觉哪些内容比较困难？

______________________________

______________________________

______________________________

签名：________　________年________月________日

### 2. 小组评价与反馈

（1）你们小组在接到任务之后是否分工明确？________________________。

（2）你们小组每位组员都能轮换操作吗？________________________。

（3）遇到难题时你们分工协作吗？________________________。

（4）对于小组其他成员有何建议？________________________。

参与评价的同学签名：________　________年________月________日

### 3. 教师评价及回复

______________________________

______________________________

______________________________

教师签名：

________年________月________日

## 五、技能考核标准

对液压摆式剪板机进行日常维护，评分标准如表 6.2 所示。

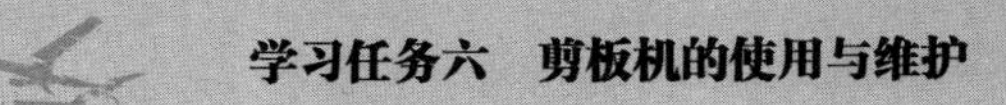



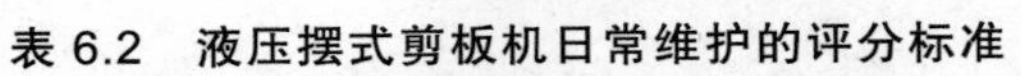

表 6.2　液压摆式剪板机日常维护的评分标准

| 序号 | 内　容 | 分值 | 得分 |
|---|---|---|---|
| 1 | 是否熟知液压摆式剪板机的结构 | 5 | |
| 2 | 检查机器各部分，并保持机器及周围场地清洁，电线绝缘良好 | 10 | |
| 3 | 经常检查各开关、按钮、限位，动作要正常、灵活 | 5 | |
| 4 | 检查渗漏情况 | 15 | |
| 5 | 加注润滑油，保持各运动部位运动良好 | 5 | |
| 6 | 更换液压油 | 10 | |
| 7 | 启动发动机，检查发动机的运转情况 | 15 | |
| 8 | 检查传动系统 | 15 | |
| 9 | 检查三角皮带、手柄、旋钮、按键是否损坏 | 10 | |
| 10 | 擦洗清洁机床 | 10 | |
| 总　分 | | 100 | |

# 学习任务七　贴标机的使用与维护

## 一、学习任务描述

| 任务名称 | 贴标机的使用与维护 | 任务编号 | 7 | 课时 | 6 |
|---|---|---|---|---|---|
| 学习目标 | 1. 了解贴标机的分类<br>2. 了解贴标机的主要部件<br>3. 了解贴标机的工艺及设备<br>4. 贴标机使用的基本原则以及常见问题的处理<br>5. 贴标机日常维护 | | | | |
| 考评方式 | 按技能考核标准进行考核 | | | | |
| 教学组织方式 | 1. 理论准备<br>2. 实践操作<br>3. 评价与反馈<br>4. 技能考核 | | | | |
| 情境问题 | 对一台贴标机的常见问题进行处理和日常维护 | | | | |

## 二、理论准备

贴标机是用黏合剂把纸或金属箔标签粘贴在规定的包装容器上的设备。标签是指加在包装容器或产品上的纸条或其他材料，上面印有产品说明和图样，或者是直接印在包装容器或产品上的产品说明和图样。标签的内容主要包括制造者、产品名称、商标、成分、品质特点、使用方法、包装数量、储藏应注意事项、警告标志、其他广告性图案和文字等，如图 7.1 所示。

图 7.1　使用了贴标机的产品

标签材料有纸板、复合材料、金属箔、纸、塑料、纤维织品等。标签材质、形状较多，被贴对象的类型、品种也较多，贴标要求也不尽相同，有些产品只需要一张身标，有的要贴双标，有的则要贴三标，有的却只要贴封口标签。黏合剂的作用是将标签粘到容器上，包括各种类型的液体糨糊、热熔糨糊、压敏胶及热敏胶等，黏合剂的选用应根据标签和容器的材料特性以及机器的性能来选定。

## 1. 贴标机的分类（见表 7.1）

贴标机的种类各式各样，功能各异，但基本原理都相似。按自动化程度分，可以分为半自动贴标机和全自动贴标机。按照容器的运行方向分，可以分为立式贴标机和卧式贴标机。按标签的种类可分为片式标签贴标机、卷筒状标签贴标机、热黏性标签贴标机、感压性标签贴标机和收缩筒形标签贴标机。按贴标工艺特征可分为压按式贴标机、滚压式贴标机、搓滚式贴标机和刷抚式贴标机。按容器的运动形式可分为直线式和回转式两种。

表 7.1 贴标机的分类

| 半自动贴标机 | 全自动贴标机 |
| --- | --- |
| 立式贴标机 | 卧式贴标机 |

续表 7.1

| 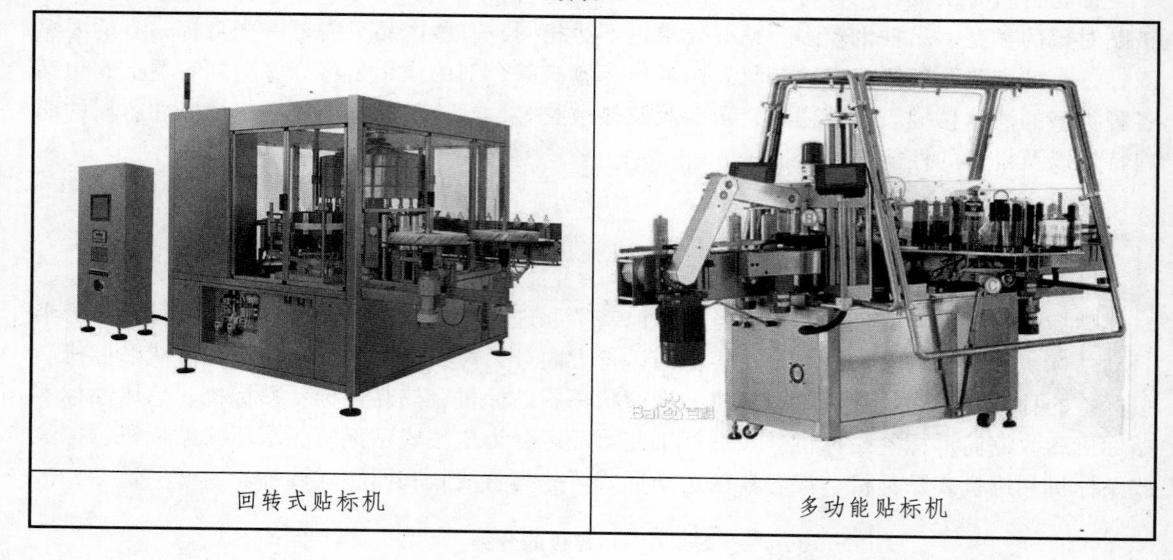 | |
|---|---|
| 回转式贴标机 | 多功能贴标机 |

## 2. 贴标机的主要结构部件（见图 7.2）

贴标机由机架、传动装置、标签供给装置、贴标对象物传动装置、打印装置、涂胶装置、贴标整理装置、检测联锁控制装置等组成。

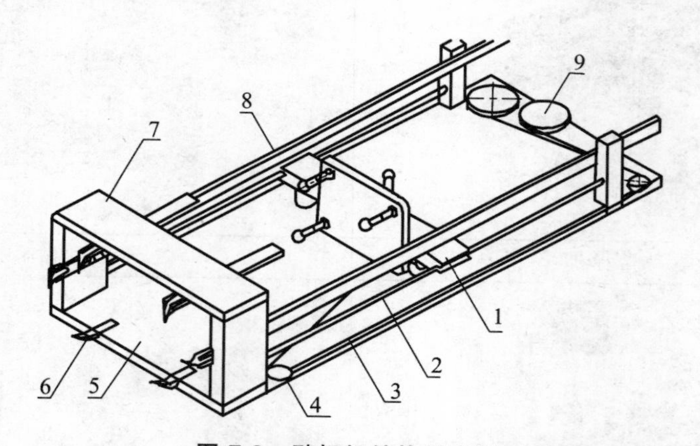


**图 7.2 贴标机结构示意图**

1—滑车；2—导杆；3—牵拉绳；4—滑轮；5—底板；6—挡标爪；
7—前架；8—侧挡板；9—弹簧盒

### 1）供标装置（见图 7.3）

供标装置是指在贴标过程中，能将标签纸按一定的工艺要求进行供送的装置。它通常由标仓和推标装置所组成，其中标仓是贮存标签的装置，也称标盒。可根据要求设计成固定的或摆动的，其结构形式有框架式和盒式两种，盒式标仓用得较多。

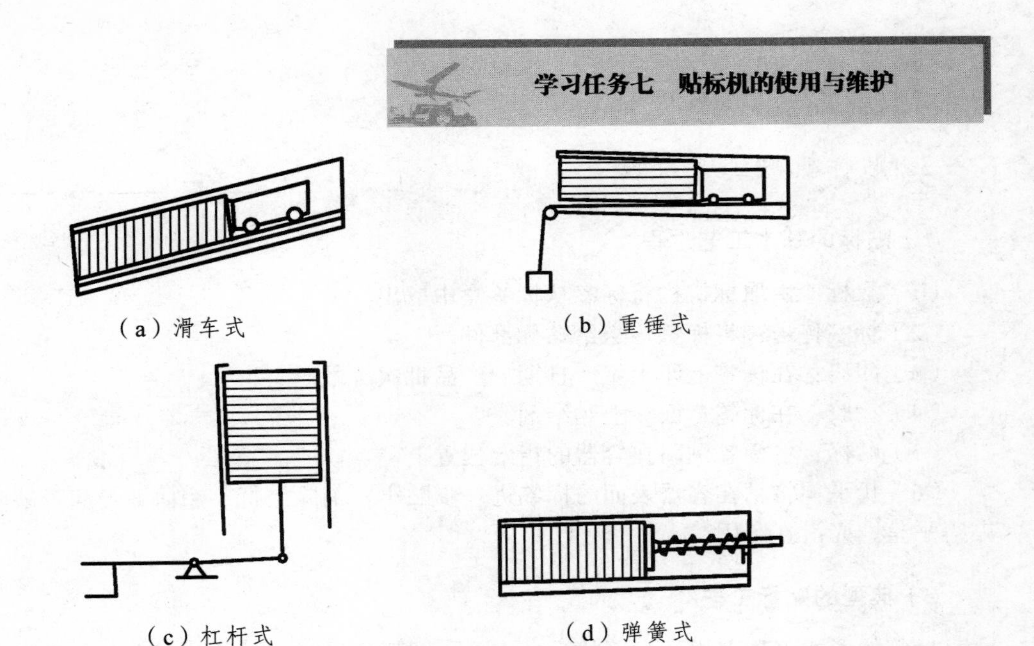


图 7.3 供标装置示意图

**2）标签传送装置**

标签传送装置与供标装置、打印装置、涂胶装置等配合，从标签盒中取标签并传送，且完成打印生产日期、版次等代码和涂胶工作，最后把标签传给待贴物。

**3）涂胶装置**

涂胶装置是将适量的胶粘剂涂抹在标签的背面或取标执行机构上，主要包括上胶、涂胶和胶量调节装置，常用的有圆盘式、辊式、泵式、滚子式等形式。贴标机的上胶可分为 3 个过程。

（1）回转的取标板经上胶辊被涂上胶，取标板继续运动至标签盒前沿，通过取标板的自转，滚动接触最前面的 1 张标签，并利用较强的粘力将其粘取出来，标签的边缘应当整齐光滑，否则可导致 1 次粘取数个标签而引起故障。

（2）取了标签的取标板运动到揭标位置，由揭标筒上的一组夹持爪夹住标签边缘并将其从标掌上揭离下来，然后将其正面朝内靠在一块海绵上继续向前传送。

（3）标签的涂胶面被压贴到驶过的瓶子上，同时揭标夹持爪松开，再经过标刷或滚压橡胶辊处理，使标签牢固地贴附于瓶壁。

**4）打印装置**

打印装置是在贴标过程中在标签上打印产品批号、出厂日期、有效期等数码要求的字码。在食品、医药及化学品包装中，包装法规要求必须标示出这些字码。

打印装置主要由嵌装字码的压头部件、印色供给涂抹部件或打印色带传送部件、驱动部件等组成。贴标机常用的印码装置有滚压式和打印式，印码用印色为油墨印色和色带印色。驱动方式有机械驱动、气动驱动和电磁驱动。常用的打印机按打印方式的不同可分为接触式打印机和非接触式打印机两大类。接触式打印机按其印刷方法的不同，可分为柔性版印刷机、胶印机和压印机。非接触式打印机可分为喷墨编码机和激光编码机。

### 3. 贴标机的工艺及设备

#### 1）贴标的基本工艺过程

（1）取标：由取标机构将标签从标签盒中取出。
（2）标签传送：将标签传送给贴标部件。
（3）印码：在标签上印上生产日期、产品批次等数码。
（4）涂胶：在标签背面涂上黏结剂。
（5）贴标：将标签黏附在容器的指定位置上。
（6）抚平：将粘在容器表面的标签进一步贴牢，消除皱折、翘曲、卷起等缺陷，使标签贴得平整、光滑、牢固。

#### 2）典型的贴标工艺

标签的形式多种多样，常用的为长方形、圆形或椭圆形，此外还有各种异形的。标签的材料也有纸、塑料等不同的材质。贴标工艺过程因标签的种类和使用设备不同，而略有差别。大致可分为两类：冷胶和热熔胶贴标以及压敏标签的粘贴。

## 三、实践操作

### 1. 贴标机使用的基本原则

#### 1）贴标机使用前的环境（见图7.4）

（1）环境相对干燥。
（2）粉尘较少的地方。
（3）没有水、油、化学药品飞溅的地方。
（4）不要在易爆、易燃危险物品的地方使用。

图7.4　贴标机的使用环境

2）贴标机使用前准备

（1）检查电流、电压等正常。

（2）检查传输送带、贴标头、机台等无异物，如图 7.5 所示。

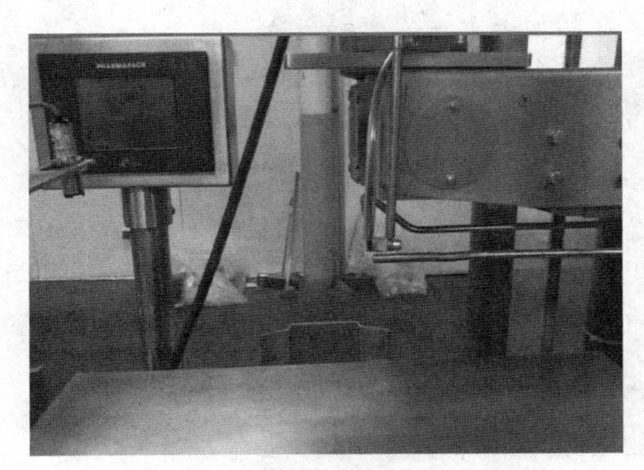

图 7.5　保证工作区域干净无异物

3）贴标机开机前调整

（1）将贴标头高度、水平位置、角度调整到合适位置。

（2）调整拉纸压轮，使标签纸贴紧剥标板。

（3）调整剥标板与瓶体间的距离，使之达到 1.5 ~ 3 mm，如图 7.6 所示。距离过小会使标签底纸与瓶体之间产生摩擦，标纸易断；距离过大，会使标签不能正确地贴在瓶体上。

（4）调整贴标辊与剥标板之间的距离。

（5）用瓶体检查与贴标辊之间的松紧度，以瓶压紧能检入为宜，过松过紧可调整贴标挡板和贴标辊固定架升降轮。

（6）将标纸放到标纸辊上，依次通过打码机色带、沟型片、电探头、剥标板及压标轴。一切调整好后开机。检查水、电各开关情况及供应状态。

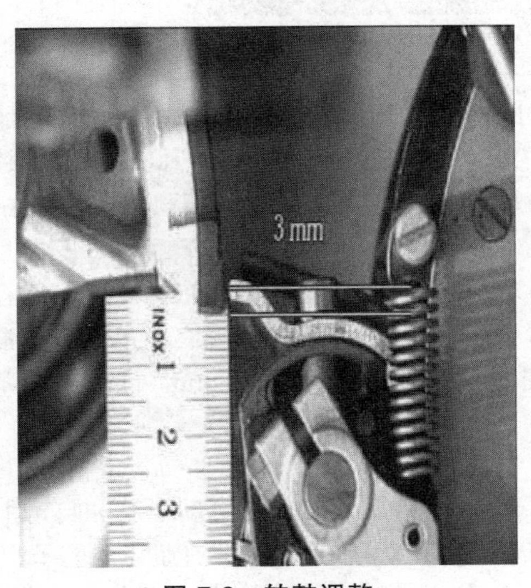


图 7.6　转鼓调整

#### 4）开　机

（1）打开总电源开关。
（2）打开贴标机左侧电源开关。
（3）贴标机开启后，在触摸屏上输入密码进入系统。
（4）将标签纸在贴标机上安装好后，即可通过触摸屏对各种参数进行调整。
（5）调试测物电眼位置，调节测标电眼灵敏度。
（6）调整适合的速度。
（7）调整贴标位置，保证标签剥离部位对准贴标位置。
（8）按运行按钮，系统运行。

#### 5）关　机

（1）按触摸屏上的停止按钮，系统停止运行.
（2）关闭贴标机左侧电源开关。
（3）关闭总电源开关

### 2. 使用贴标机的常见问题和处理方法

#### 1）分瓶器错位（见图 7.7）

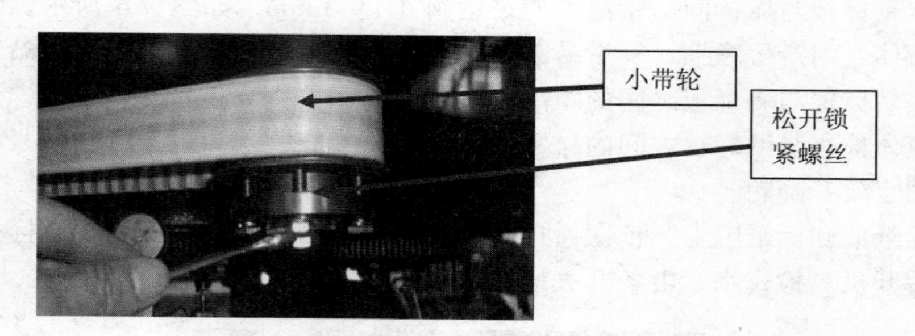


图 7.7　分瓶器错位

（1）调整方法。① 打开分瓶器正下侧板，看到分瓶器的传动部分；② 使用叉口扳手将同步带轮上的 4 个螺栓一一松开，注意：由于机型的不同，锁紧螺栓有的在小链轮上，有的在大链轮上；③确定后松开螺栓；④ 用手转动分瓶器，使分瓶器调整到与进瓶星轮同步；⑤ 再将链轮上的螺栓锁紧。

（2）调整后的要求；① 分瓶器与进瓶星轮的开口吻合，保证容器进入到进瓶星轮时不挤瓶、不卡瓶流畅的进入；② 分瓶器与止瓶星轮装置之间放置一个瓶子，将瓶子靠近分瓶器或止瓶星轮装置的一侧，瓶体的另一侧间隙为 3 ~ 5 mm。

#### 2）有瓶检测开关错位（见图 7.8）

有瓶检测开关错位时，会造成有瓶不能正常自动上胶和自动上标现象。

调整方法：① 在分瓶器的第四节距放置一个带有瓶盖的瓶子；② 再将有瓶检测开关 A 调整到瓶盖的中间位置；③ 观察 A 的指示灯亮起，再将分瓶器传动感应块低端螺栓松开一颗；

④ 调整到感应开关 B 的位置，观察感应开关 B 的指示灯亮起，把固定感应块的螺栓锁紧；
⑤ 如出现标板取标不完整时，再将 A 的检测开关适当地前后移动位置，直至标板取出完整的商标，再将 A 支架上的定位块手把锁紧固定。A 检测开关与瓶盖之间的间距为 5 mm 左右。

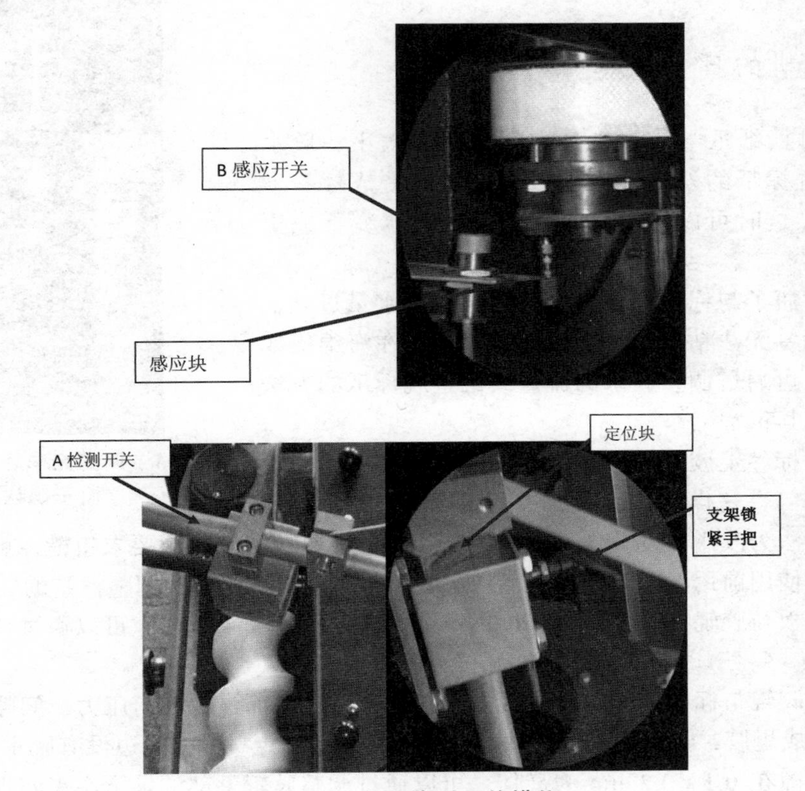


图 7.8　有瓶检测开关错位

3）进出星轮错位

进出星轮错位时会出现压瓶不正、分瓶器部位卡瓶、还会影响到贴标效果。

调整方法：按照图 7.9 所示，先将传动座上的螺栓用扳手松开，再按照图 7.10 所示，按照错位的方向转动星轮，在调整时先将星轮内放置一个瓶子，把瓶子转到与压瓶头最接近位置点，直至调整到瓶子与压瓶头上下一致后再将螺栓锁紧。

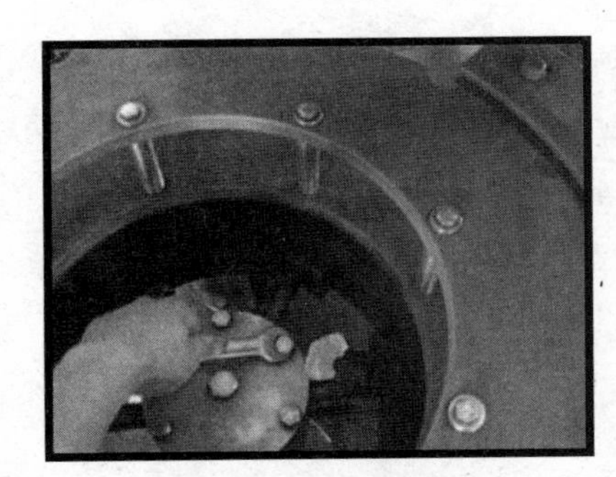

图 7.9　将传动座上的螺栓用扳手松开

图 7.10　按照错位的方向转动星轮

调整要求：调整完毕后输送适量的瓶子确认，主要观察瓶子是否在瓶托中心上位置、压瓶头在压瓶时是否压正，压瓶头压瓶的行程一般为 10 mm 左右。如图 7.11 所示。

图 7.11　调整完毕后输送适量的瓶子确认

### 3. 贴标机的日常保养

（1）有时挡纸爪与传纸皮带之间的距离太小，胶水太干，两片脱标爪的外切缘不平行，这样会造成标签卡在脱标爪上，这时可以加少许水搅拌，使胶水变稀或更换脱标爪。

（2）有时瓶子与标签在贴附处不匹配，胶水量过多，这样会造成标签无法粘在瓶子上，而且常会粘在海绵板或传纸皮带上。可通过调整胶水的流量或调整脱标爪的方法进行调整，使其正常工作。

（3）有时标签上胶水面太光滑，标签的硬度太大，胶水的黏度不够等，这样均会造成标签无法被扇形转杆黏贴住。排除的方法为改用黏度较大的胶水；更换标签材料；上胶水面要求粗糙；更换质地较薄软的纸张；在使用前用湿毛巾包裹标签 5 min 左右，使标签变软；调整标签的装置。

（4）刮胶板与胶辊在整个胶辊长度内不能出现间隙。如果有间隙可以通过调整偏心螺栓来调整刮胶板。

（5）调整胶辊与标板。标板与胶辊之间只是相互接触而没有任何压力。间隙过大，标板上胶过多，造成甩胶；间隙过小，接触太紧，会将胶水挤走，标板半边没有胶水。实践证明，标板与胶辊间隙在 0.1 ~ 0.2 mm 为最佳。可以通过调整胶辊下部的轴承座来实现，必要时对胶辊上部的轴承进行调节。

（6）在没有标签的时候，标签压板能够压到标签盒的最前端，装有标签时，标签钩指附近的标签不能被压坏。

（7）以进瓶星轮为准，当瓶子位于进瓶星轮凹槽正中间时，调整螺旋杆，使螺旋杆进瓶侧靠紧瓶子但不产生位移。

## 四、评价与反馈

### 1. 自我评价与反馈

（1）你是否知道贴标机基本结构？（　　）

A. 知道　　　　B. 不知道

（2）你是否了解贴标机使用的基本原则？（　　）

A. 知道　　　　B. 不知道

（3）完成了本学习任务后，你感觉哪些内容比较困难？

______________________________________________________________

______________________________________________________________

______________________________________________________________

签名：__________　　________年________月________日

## 2. 小组评价与反馈

（1）你们小组在接到任务之后是否分工明确？__________________

（2）你们小组每位组员都能轮换操作吗？____________________

（3）遇到难题时你们分工协作吗？________________________

（4）对于小组其他成员有何建议？________________________

参与评价的同学签名：__________　　________年________月________日

## 3. 教师评价及回复

______________________________________________________________

______________________________________________________________

______________________________________________________________

教师签名：

________年________月________日

# 五、技能考核标准

对贴标机常见问题的处理和日常维护，如表 7.2 所示。

**表 7.2　贴标机常见问题的处理和日常维护**

| 序号 | 内　容 | 分值 | 得分 |
|---|---|---|---|
| 1 | 分瓶器错位的处理方法 | 15 | |
| 2 | 有瓶检测开关错位的处理方法 | 15 | |
| 3 | 进出星轮错位的处理方法 | 15 | |
| 4 | 检查电流、电压等正常情况 | 10 | |
| 5 | 清扫传送带、贴标头、机台等，使之无异物 | 10 | |
| 6 | 调整各部件之间的距离 | 10 | |
| 7 | 启动发动机，检查发动机的运转情况 | 10 | |
| 8 | 在没有标签的时候，标签压板能够压到标签盒的最前端并且装有标签时，标签钩指附近的标签不能被压坏 | 5 | |
| 9 | 调整标签的装置 | 10 | |
| 总　分 | | 100 | |

# 学习任务八　内燃机叉车的保养与维护

## 一、学习任务描述

| 任务名称 | 内燃机叉车的保养与维护 | 任务编号 | 8 | 课时 | 12 |
|---|---|---|---|---|---|
| 学习目标 | 1. 了解内燃机叉车的基本结构<br>2. 内燃机叉车磨合期的维护与保养<br>3. 内燃机叉车的日常维护与保养<br>4. 内燃机叉车的换季维护与保养<br>5 内燃机叉车的走合维护与保养 | | | | |
| 考评方式 | 按技能考核标准进行考核 | | | | |
| 教学组织方式 | 1. 理论准备<br>2. 实践操作<br>3. 评价与反馈<br>4. 技能考核 | | | | |
| 情境问题 | 为了使内燃机叉车处于良好的工作状态，必须对其进行一系列的维护与保养作业 | | | | |

## 二、理论准备

叉车运输是工业生产中的重要组成部分。根据资料介绍，目前，我国物料的搬运费用约占生产成本的30%，从事运输工作的人数约占生产工人总数的20%。据有关部门统计，一般的机械工厂生产1 t产品通常要装卸、运输60 t以上的物料，其中大部分是依靠叉车完成的。由此可知，叉车运输对保证连续生产，提高劳动生产率，增加企业的经济效益起着十分重要的作用。国内外先进的工矿企业，为了提高经济效益和生产率，不仅在不断改进加工设备、生产工艺、企业管理等，而且把叉车运输作为整个生产技术现代化的一个重要组成部分。

### 1. 内燃叉车的分类

内燃叉车是指使用柴油、汽油或者液化石油气等燃料，由发动机提供动力的叉车。载重量为0.5 ~ 4.5 t。特点是储备功率大，作业通道宽度一般为3.5 ~ 5.0 m，行驶速度快，爬坡能力强，作业效率高，对路面要求不高，但其结构复杂，维修困难，污染环境，噪声较大，常用于室外作业。

根据动力形式不同，内燃叉车可分为柴油叉车、汽油叉车和液化石油气叉车。

根据结构形式不同，内燃叉车可分为内燃平衡重式叉车、集装箱叉车、侧面式内燃叉车、前移式叉车、插腿式叉车和集装箱跨运车，如表 8.1 所示。

表 8.1　各种内燃叉车

| 平衡重式叉车 | 集装箱叉车 |
|---|---|
| 侧面式内燃叉车 | 前移式叉车 |
| 插腿式叉车 | 集装箱跨运车 |

2. 叉车的组成

平衡重式叉车是叉车最普通的一种形式，主要组成部分有动力装置、传动装置、操作装置、工作装置、液压装置和电气装置，如图 8.1、8.2、8.3 所示。

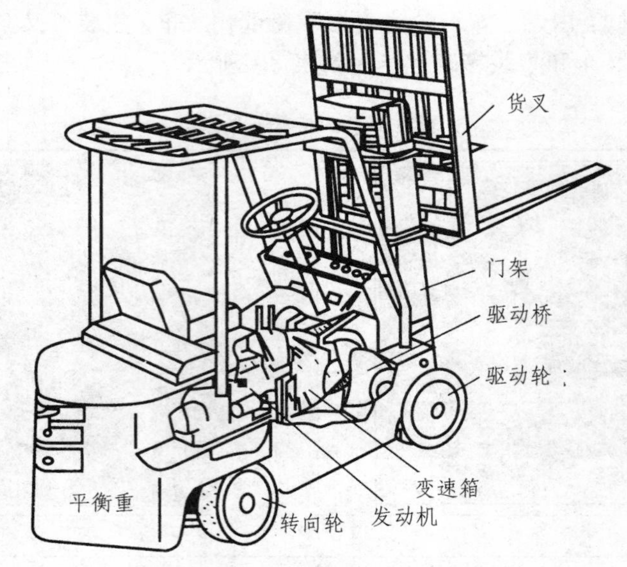


图 8.1 平衡重式叉车

图 8.2 叉车的主要部件 1

图 8.3 叉车的主要部件 2

### 3. 叉车的工作装置

叉车的工作装置也称起升系统，是叉车总体结构的一个重要组成部分，是叉车进行装卸的工作部分，承受全部货重，并完成货物的叉取、升降、堆放等工序。叉车的工作装置随叉车的不同而不同，通常分为门架式工作装置和前伸式工作装置两大类。目前我们常用的平衡重式叉车属于门架式叉车，其工作装置主要有货叉、货叉架、门架、起升链条和链轮等部分，如图 8.4 所示。

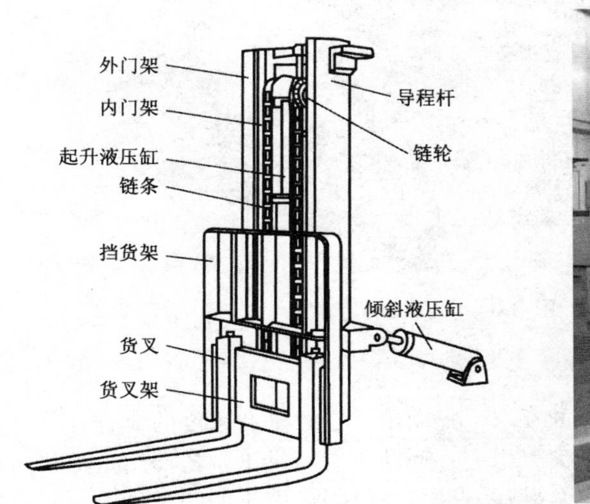

图 8.4　叉车的工作装置

### 4. 动力装置——发动机

发动机是将某一种能量转换为机械能的机器，是动力之源。内燃机叉车使用的发动机都是利用燃料燃烧的热能转换为机械能的热力发动机。发动机一般由曲柄连杆机构、配气机构、燃料供给系、润滑系、冷却系、点火系和起动系组成。柴油发动机为压燃式点火方式，所以没有点火系。

#### 1）曲柄连杆机构

曲柄连杆机构是发动机实现工作循环，完成能量转换的主要运动部件。由机体组、活塞连杆组和曲轴飞轮组等组成。在做功行程中，活塞承受燃气压力在气缸内做直线运动，通过连杆转换成曲轴的旋转运动，并从曲轴对外输出动力。而在进气、压缩和排气行程中，飞轮释放能量又把曲轴的旋转运动转化成活塞的直线运动，如图 8.5 所示。

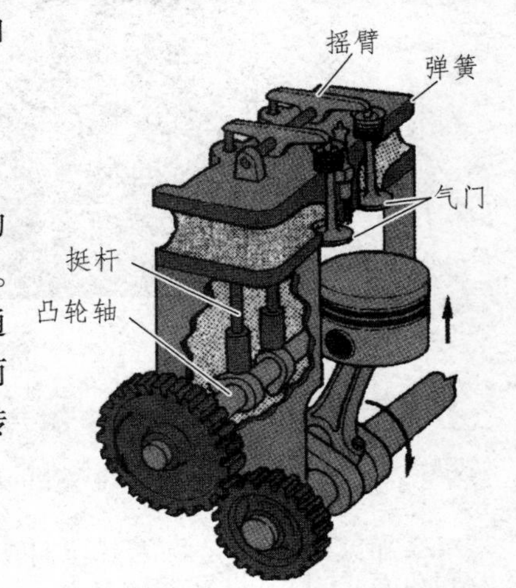


图 8.5　曲柄连杆机构

#### 2）配气机构（见图 8.6）

配气机构根据发动机的工作顺序和工作过程，定时开启和关闭进气门和排气门，使可燃混合气或空气进入气缸，并使废气从气缸内排出，实现换气过程。配气机构由气门组和气门传动组组成。

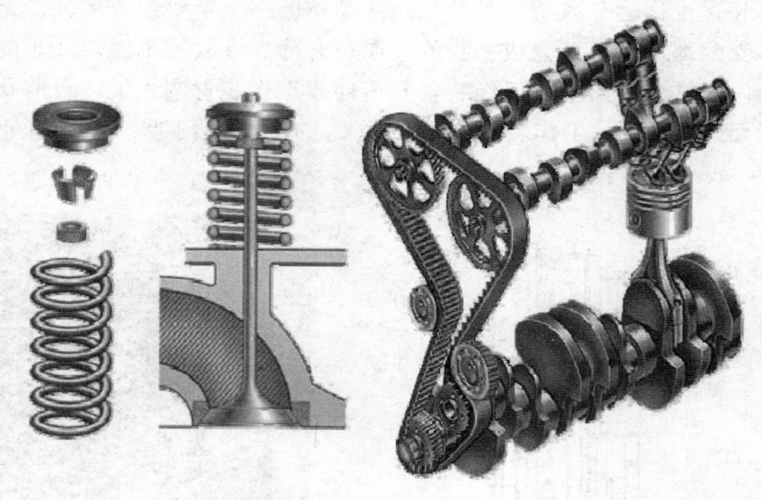

图 8.6　配气机构

3）燃油供给系

燃油供给系的作用是根据发动机的要求，配制出一定数量和浓度的混合气，供入气缸，并将燃烧后产生的废气从气缸内排到大气中去；柴油机燃料供给系的功用是把柴油和空气分别供入气缸，在燃烧室内形成混合气并燃烧，最后将燃烧后产生的废气排出。汽油机燃油供给系如图 8.7 所示。

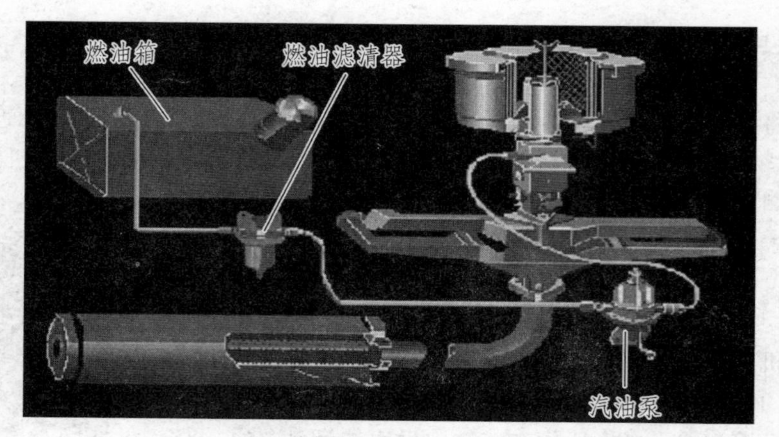


图 8.7　汽油机燃油供给系

柴油机燃油供给系的主要零件有油箱、滤清器、输油泵、喷油泵和喷油器等。

4）冷却系

冷却系的功用是将受热零件吸收的部分热量及时散发出去，保证发动机在最适宜的温度状态下工作。水冷式冷却系由水套、水泵、散热器、风扇、节温器等组成；风冷式冷却系由风扇和散热片等组成。现代汽车一般使用水冷式冷却系，如图 8.8 所示。

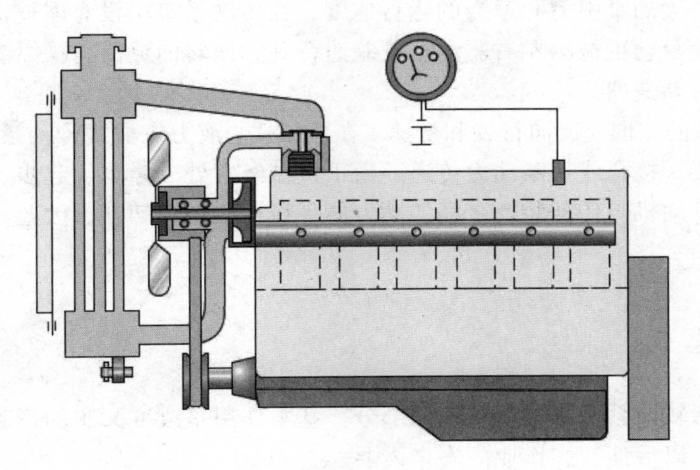

图 8.8　冷却系

## 5. 润滑系

润滑系的功用是向做相对运动的零件表面输送定量的清洁润滑油，以实现液体摩擦，减小摩擦阻力，减轻机件的磨损，并对零件表面进行清洗和冷却。润滑系由机油泵、集滤器、限压阀、油道、机油滤清器等组成。

## 6. 传动装置

传动装置（见图 8.9）接受动力并将原动力传递给驱动轮，有机械式、液力式和液压式 3 种。机械传动装置由摩擦式离合器、变速箱和驱动桥组成。液力传动装置由液力变矩器、动力换挡变速箱和驱动桥组成。液压传动装置由液压泵、阀和液压马达等组成。

图 8.9　传动装置

传动装置的功能是将动力装置（发动机）输出的动力传递给液压泵和驱动车轮，实现叉车的升降、倾斜和行驶。具体功能有以下几方面：

（1）降低转速，增大扭矩。动力装置的转速较高，而扭矩较小，不适应机械的行驶要求。因此，为了获得较大的牵引力和适当的运行速度，在传动系统中设有减速器。

（2）实现双轮驱动机械的左右驱动车轮差速行驶，使转向灵活，操纵省力，在双轮驱动的传动系统中设有差速器。

（3）实现机械的正向、反向行驶和变速。在机械式、液力机械式传动系统中设有变速器。

（4）根据需要，接合或切断动力传递。由于机械经常处于停车、起步、怠速运转和起动状态，这就需要发动机与传动装置之间的动力能平稳地接合或切断，因此，在机械式传动系统中设有离合器。

### 7. 操作装置

操作装置包括转向系统和制动系统两部分，基本作用是改变叉车的行驶方向，降低运行速度或迅速停车，以保证装卸作业的安全需要。

（1）转向系统用以控制叉车的行驶方向。叉车转向装置的特点是转向轮在车体的后部。

① 转向系统的功能是使车辆在行驶中能按驾驶员的操纵要求适时地改变行驶方向，并在受到路面传来的偶然冲击而意外地偏离行驶方向时，能与行驶系配合共同保持车辆稳定地直线行驶。

② 转向系统是车辆的主要组成部分，其工作的好坏直接影响到车辆的行驶安全。所以对转向系统有如下特殊要求：工作可靠；操纵轻便灵活；保证转向时各车轮做纯滚动而没有滑动；尽量减少由转向轮传递至方向盘上的冲击；在转向后方向盘有自动回正能力；当车辆直线行驶时，方向盘的自由间隙应当最小。

③ 叉车的转向系统一般由转向器（在驾驶员前方）、转向拉杆和转向轮等组成。

（2）制动系统是叉车总体结构的重要组成部分，用以对行驶中的叉车施加阻力，消耗车辆行驶积蓄的动能，强制减速或停车，防止停驶的车辆自行移动。

① 制动系统的功能是在行车过程中能按需要使汽车速度降低，甚至停车；在下坡行驶时能使车辆保持适当的稳定速度；在停驶时能使车辆可靠地在原地（包括在坡道上）停驻。

② 对制动系统的要求是要有足够的制动力，以保证一定车速下制动距离符合要求；操纵轻便灵活；制动稳定性好，制动时各车轮制动力基本一致；制动平衡性好；制动系统应便于间隙的调整与维护。

③ 制动系统一般有两套独立的制动装置，即行车制动装置和驻车制动装置。行车制动（脚制动）装置一般由驾驶员通过制动踏板操纵，用来强制性地降低车辆速度，直至停车，只有在踏下制动踏板时制动才起作用，在松开制动踏板后制动即行解除。驻车制动（手制动）装置是当车辆停驶后，即使驾驶员离开，也能防止汽车自行移动的一套制动装置，驻车制动装置常用制动操纵杆（手柄）操纵。

### 8. 液压装置

液压装置（见图 8.10）包括油箱、液压泵、分配器、提升液压缸、倾斜液压缸等部件。是对货物的升降和门架的倾斜以及对其他由液压系统完成的动作，实现适时控制的装置的总合。其功能是实现货物的升降、倾斜等动作。

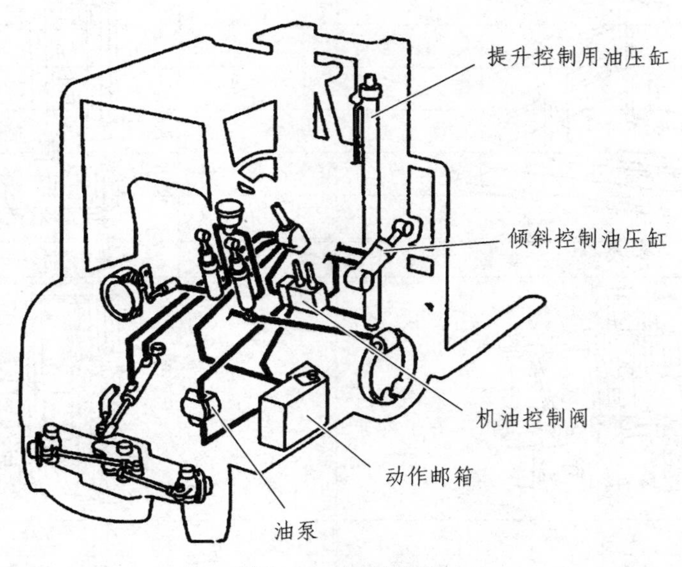


图 8.10　液压装置

（1）叉车的液压系统主要用于门架的起升和倾斜机构的工作。液压传动是用液体作为工作介质来传递能量和进行控制的传动方式。液压系统利用液压泵将原动机的机械能转换为液体的压力能，通过液体压力能的变化来传递能量，经过各种液压控制阀和管路的传递，借助于液压执行元件（液压缸）把液体压力能转换为机械能，从而驱动工作机构，实现直线往复运动和回转运动。

（2）一个完整的液压系统由 5 部分组成，即动力元件、执行元件、控制元件、辅助元件和液压油。

## 9. 电气装置

电气装置包括电源部分和用电部分，主要有蓄电池、发电机、起动电动机（电瓶叉车由串激直流电动机起动；内燃机叉车由电动起动机起动）、调速转拨器、点火装置、照明装置、信号灯、报警灯和喇叭等。

（1）工作电机为工作液压系统提供动力，用来驱动货叉的升降和倾斜。

（2）转向电机为转向液压系统提供动力，推动转向轮偏转，实现转向。

（3）调速转拨器简称电控，包括转拨器、接触器、加速器和多功能显示器等，主要用于叉车行走电动机的调速，从而控制叉车的行驶速度，实现无级变速。

（4）蓄电池组是电动叉车的动力源，负责供给叉车用电设备的直流电源。

## 10. 常见的叉车属具

叉车除了使用货叉作为最基本的工作属具之外，还可以根据用户需求开发配装多种可换属具。属具换装方便，目前广泛使用的属具约有 30 多种，如表 8.2 所示

表 8.2　常见的叉车属具

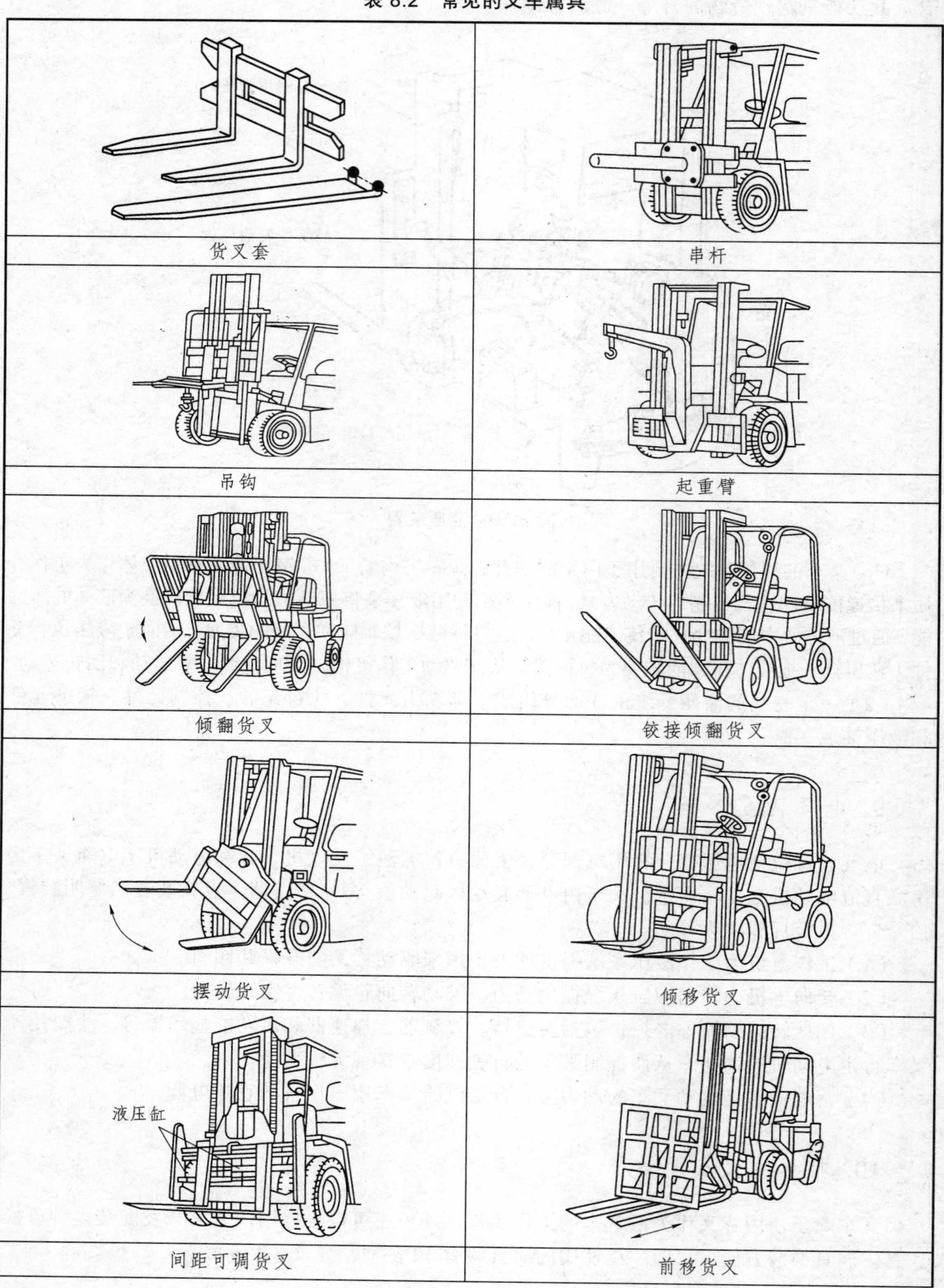


| | |
|---|---|
| 货叉套 | 串杆 |
| 吊钩 | 起重臂 |
| 倾翻货叉 | 铰接倾翻货叉 |
| 摆动货叉 | 倾移货叉 |
| 间距可调货叉 | 前移货叉 |

续表 8.2

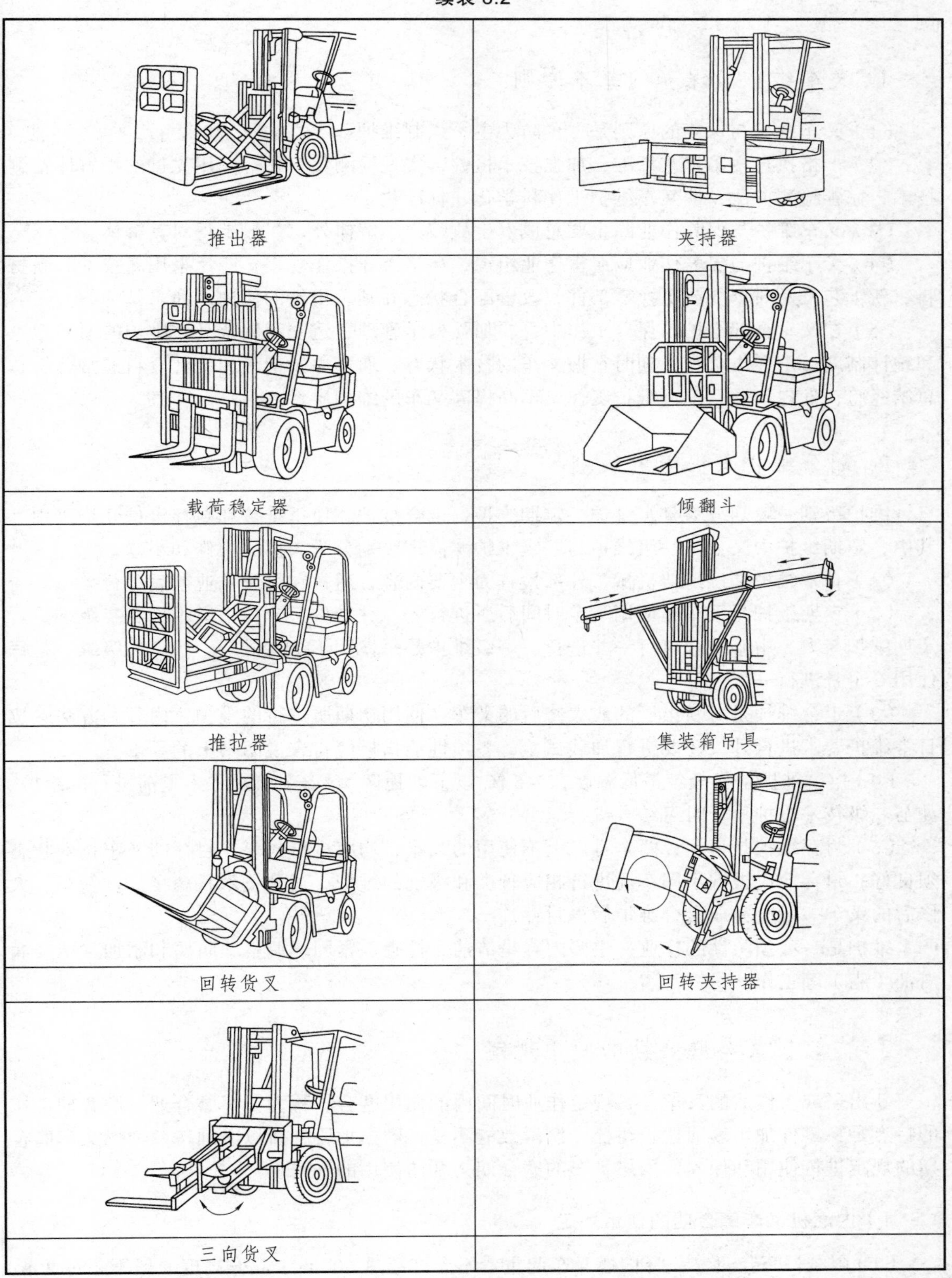

| | |
|---|---|
| 推出器 | 夹持器 |
| 载荷稳定器 | 倾翻斗 |
| 推拉器 | 集装箱吊具 |
| 回转货叉 | 回转夹持器 |
| 三向货叉 | |

## 三、实践操作

### 1. 叉车维护与保养的基本原则

（1）叉车维护与保养的原则是“预防为主、强制维护”。

（2）严格执行技术工艺标准，加强技术检验，实现检测仪表化。采用先进的不解体检测技术，完善检测方法，使叉车维护工作科学化、标准化。

（3）叉车维护与保养作业除主要总成发生故障必须解体外，一般不得对其解体。

（4）叉车维护与保养作业应严密作业组织，严格遵守操作规程，广泛采用新技术、新材料、新工艺，及时修复或更换零部件，改善配合状态并延长机件的使用寿命。

（5）在叉车全部维护与保养工作中，要加强科学管理，建立和健全叉车维护的原始记录和统计制度，由专人负责，随时掌握叉车的技术状态。通过原始记录和统计资料经常分析、总结经验，发现问题，改进维护工作，不断提高叉车的维护质量。

### 2. 划分维护与保养的级别

维护级别一般划分为日常维护、定期维护、走合维护、换季维护和封存维护几个级别。其中，定期维护中又分为一级维护与二级维护。修理级别分为大修、中修和小修。

（1）日常维护是以清洁机械、外部检查为主要内容，通常在每次作业前后进行。

（2）定期维护是叉车在使用一定时间后所进行的一种维护，分为一级维护和二级维护。定期维护与大、中修重合时可一并进行。一级维护是每使用 1 个月进行一次，二级维护是每使用 6 个月进行一次。

（3）走合维护是对新出厂的或大修后的叉车在使用初期所进行的维护，内容和方法除按日常维护要求进行外，还要进行加载试验，各项性能指标应符合说明书上的要求。

（4）换季维护是指全年最低温度在 – 5 °C 以下的地区，叉车在入冬、入夏前进行的维护。如与二级技术维护重合时可结合进行。

（5）封存维护是指预计两个月以上不使用的叉车，均应进行封存。封存的叉车技术状态须良好；封存前应根据不同车况进行相应种类和级别的维护，达到技术状态良好。新车、大修后的叉车一般应完成走合维护后再封存。

维护是一项预防性的作业，主要内容是清洁、检查、紧固、调整、防腐和添加、更换润滑油（脂）等工作。

### 3. 内燃机叉车磨合期的使用规定

新出厂或大修后的叉车，在规定作业时间内的使用磨合，称为叉车磨合期。磨合期工作的特点是：零件加工表面比较粗糙，润滑效能不良，磨损加剧，所以必须按照内燃叉车磨合期的规定进行使用和保养。内燃叉车的磨合期为开始使用的 50 h。

#### 1）内燃机叉车磨合期的使用规定

（1）限载。磨合期内。3 t 内燃叉车起重量不允许超过 600 kg，起升高度一般不超过 2 m。

（2）限速。发动机不得高速运转，限速装置不得任意调整或拆除，车速一般保持在12 km/h 以下。

（3）按规定正确选用燃油和润滑油。

（4）正确驾驶和操作。要正确起动，发动机预热到 40 °C 以上才能起步；起步要平稳，待温度正常后再换高速挡；适时换挡，避免猛烈撞击；选择好路面；尽量避免紧急制动；使用过程中密切注意变速器、驱动桥、车轮轮毂、制动鼓的温度；在装卸作业时，严格遵守操作规程。

**2）磨合期维护保养内容**

（1）磨合期前保养，主要是对叉车进行检查，做好使用前的准备工作。

① 清洁车辆。

② 检查、紧固全车各总成外部的螺栓、螺母、管路接头、卡箍及安全锁止装置；检查轮胎气压（见图 8.11）和轮毂轴承松紧度。

③ 检查全车油、水有无渗漏现象；检查机油（见图 8.12）、齿轮油、液压油、冷却液液面高度。

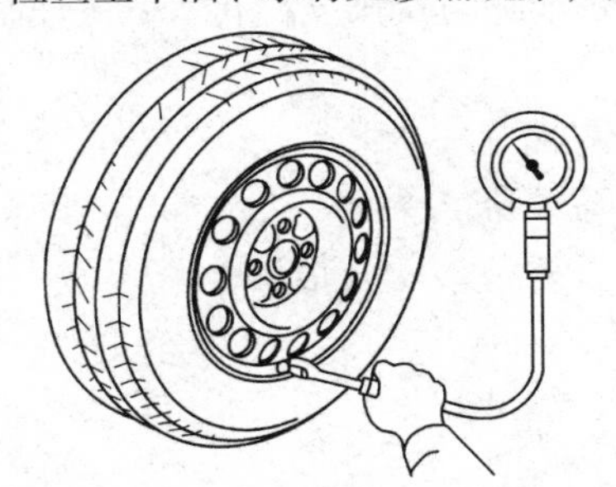

图 8.11　检查轮胎气压

图 8.12　检查发动机机油

④ 润滑全车各润滑点，如图 8.13 所示。

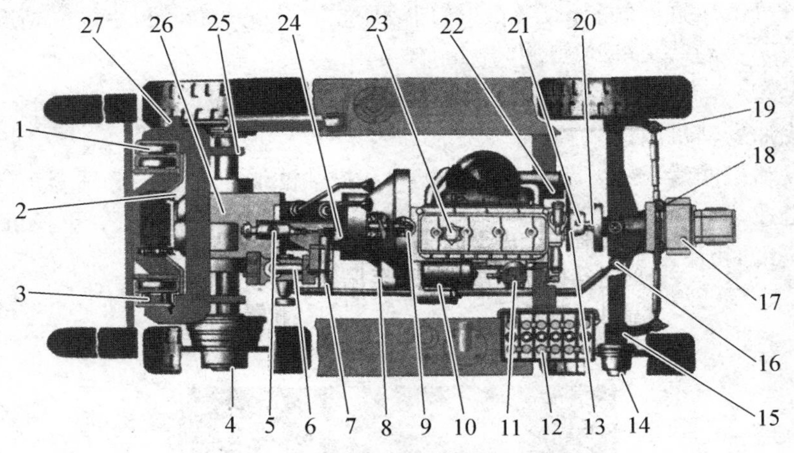


图 8.13　内燃机叉车的润滑部位

1—门架、货叉架大滚轮轴承；2—起重链；3—侧推滚轮内孔；4—驱动轮轮毂轴承；5—制动总泵储油罐；6—转向器；7—离合器、制动器踏板转轴；8—离合器分离轴承；9—曲轴输出、变速器输入轴承；10—起动机前后轴承；11—分电器活动触点臂轴和凸轮油毡；12—蓄电池极柱；13—传动轴两端；14—转向轮轮毂轴承；15—转向主销轴承；16—直拉杆球销；17—油泵减速器；18—扇形板转轴轴承；19—横拉杆球销；20—摆动轴前后端面油嘴；21—水泵轴油嘴；22 —发电机前后轴承；23—发动机油盘；24—变速器；25—门架与车体连接轴承；26—驱动桥；27—倾斜油缸前后轴销

⑤ 检查门架、货叉的工作情况，如图 8.14 所示。

⑥ 检查转向轮前束、转向角和转向系统各机件的连接情况。

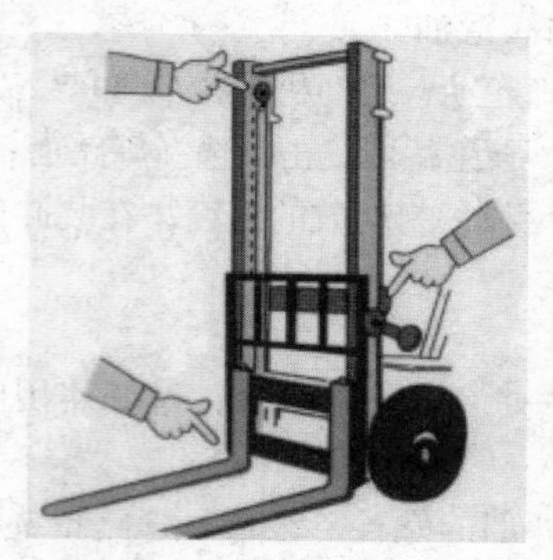

图 8.14　门架与货叉的检查

⑦ 检查、调整离合器踏板及制动踏板自由行程和驻车制动器操纵杆行程，检查制动装置的制动功能。

⑧ 检查、调整皮带松紧度；检查、调整起重链条的松紧度。

⑨ 检查蓄电池电解液液面高度、电解液密度、负荷电压。

⑩ 检查各仪表、照明、信号、开关按钮及随车附属设备的工作情况。

（2）磨合期中检查，一般在工作 25 h 后进行。

① 检查、紧固发动机气缸盖和进、排气歧管螺栓、螺母。

② 检查、调整气门间隙。

③ 润滑全车各润滑点。

④ 更换发动机机油。

⑤ 检查升降液压缸、倾斜液压缸、转向液压缸、分配阀的密封、渗漏情况。

（3）磨合期后检查，一般在工作 50 h 后进行。

① 清洁全车。

② 拆除汽油发动机限速装置。

③ 清洗发动机润滑系统，更换发动机机油和机油滤清器滤芯，清洗全车各通气器。

④ 清洗变速器、变矩器、驱动桥、转向系统、工作装置液压系统，更换机油、液压油和液力油。清洗各油箱滤网。

⑤ 清洁各空气滤清器（见图 8.15）；清洗燃油滤清器和汽油泵沉淀杯及滤网，放出燃油箱沉淀物。

图 8.15　清洁空气滤清器

⑥ 检查轮毂轴承松紧度和润滑情况；检查、紧固全车各总成外部的螺栓、螺母及安全锁止装置。

⑦ 检查制动效能。

⑧ 检查、调整皮带松紧度。

⑨ 检查蓄电池电解液液面高度、电解液密度和负荷电压。

⑩ 润滑全车各润滑点。

### 4. 内燃机叉车的日常维护与保养

日常维护保养是由每班的驾驶员对叉车进行清洗、检查和调试。是以清洗和紧固为中心的每日进行的项目，是车辆维护的重要基础。

（1）清洗叉车上的污垢、泥土和灰尘，重点部位是货叉架及门架滑道（见图 8.16）、发电机及起动机、蓄电池极柱（见图 8.17）、水箱、空气滤清器。

图 8.16　检查门架的油泥

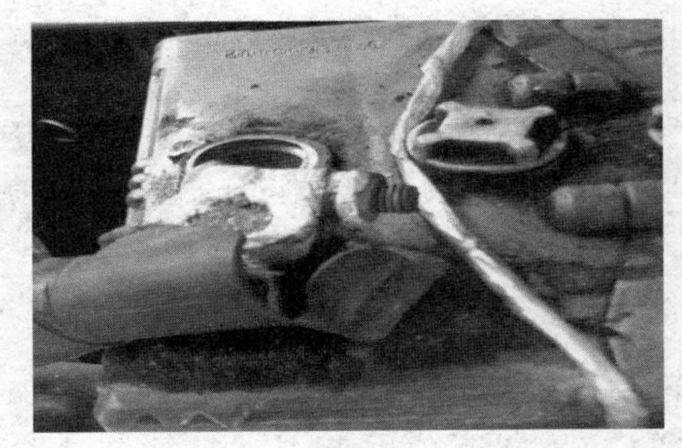

图 8.17　检查蓄电池极柱

（2）检查各部位的紧固情况，重点是货叉架的支撑、起重链拉紧螺钉（见图 8.26）、车轮螺钉、车轮固定销、制动器、转向器螺钉。

（3）检查制动器、转向器的可靠性、灵活性。

（4）检查渗漏情况，重点是各管接头、柴油箱、机油箱、制动泵、升降液压缸、倾斜液压缸、水箱、水泵、发动机油底壳、液力变矩器、变速器、驱动桥、主减速器、液压转向器、转向液压缸。

（5）除去机油滤清器的沉淀物。

（6）检查仪表、灯光、蜂鸣器等的工作情况。

（7）上述各项检查完毕后，启动发动机，检查发动机的运转情况，并检查传动系统、制动系统以及液压升降系统等的工作是否正常。

### 5. 内燃机叉车的换季维护与保养

凡全年最低气温在 – 5 °C 以下的地区，在入夏和入冬前必须对叉车进行换季保养。换季保养项目包括：

（1）清洗燃油箱，检查防冻液状况。

（2）按地区、季节要求更换润滑油、燃油、液压油和液力油。
（3）清洁蓄电池，调整电解液密度并进行充电。
（4）检查放水开关的完好情况。
（5）检查发动机冷起动装置。

### 6. 内燃机叉车的走合维护与保养

新车、大修车以及只大修发动机的叉车在初期行驶阶段内（一般为 1 000 ~ 1 500 km）对车辆进行的维护，称为走合维护。

新车或大修叉车虽然经过磨合，但零件加工表面仍比较粗糙，各运动零部件的磨损较大，被磨落的金属屑较多。此外，各部分连接机件经过初期使用后也容易松动，车辆技术状况变化较大。走合期是保证叉车长期行驶的先决条件，因此，在走合期内必须认真做好走合维护。

经常检查、紧固各部件外露螺栓、螺母，注意各总成在运行中的声响和温度变化，及时地进行适当的调整或修理，防止叉车出现故障和损伤，使运转机件良好地磨合，以延长叉车的使用寿命。

在走合期内，叉车除按规定限速、减载（减少载重量 20% ~ 25%），选用优质燃油和润滑油以及保持正确的驾驶操作外，应在走合前期、走合中期及走合后期进行 3 次维护。

## 四、评价与反馈

### 1. 自我评价与反馈

（1）你是否知道叉车的基本结构？（　　）
A. 知道　　　　B. 不知道
（2）你是否能够完成对叉车的日常维护？（　　）
A. 能够　　　　B. 在小组协作下能够完成　　　　C. 不能完成
（3）完成了本学习任务后，你感觉哪些内容比较困难？

______________________________

______________________________

______________________________

签名：__________　　__________年__________月__________日

### 2. 小组评价与反馈

（1）你们小组在接到任务之后是否分工明确？______________________________
______________________________。
（2）你们小组每位组员都能轮换操作吗？______________________________
______________________________。

（3）遇到难题时你们分工协作吗？________________________________________________________________。

（4）对于小组其他成员有何建议？________________________________________________________________。

参与评价的同学签名：__________　　________年________月________日

3. 教师评价及回复

________________________________________________________________

________________________________________________________________

________________________________________________________________

教师签名：

________年________月________日

## 五、技能考核标准

对内燃机叉车进行日常维护，如表 8.3 所示。

表 8.3 内燃机叉车的日常维护

| 序号 | 内　容 | 分值 | 得分 |
|---|---|---|---|
| 1 | 清洗叉车上的污垢、泥土和灰尘 | 5 | |
| 2 | 检查各部位的紧固情况 | 10 | |
| 3 | 检查制动器、转向器的可靠性、灵活性 | 5 | |
| 4 | 检查渗漏情况 | 15 | |
| 5 | 除去机油滤清器的沉淀物 | 5 | |
| 6 | 检查仪表、灯光、蜂鸣器等的工作情况 | 10 | |
| 7 | 启动发动机，检查发动机的运转情况 | 15 | |
| 8 | 检查传动系统 | 10 | |
| 9 | 检查制动系统 | 10 | |
| 10 | 检查液压升降系统 | 15 | |
| 总　分 | | 100 | |

# 学习任务九　电动叉车的保养与维护

## 一、学习任务描述

| 任务名称 | 电动叉车的保养与维护 | 任务编号 | 9 | 课时 | 8 |
|---|---|---|---|---|---|
| 学习目标 | 1. 了解电动叉车的分类<br>2. 了解电动叉车的基本结构<br>3. 掌握电动叉车的维护 | | | | |
| 考评方式 | 按技能考核标准进行考核 | | | | |
| 教学组织方式 | 1. 理论准备<br>2. 实践操作<br>3. 评价与反馈<br>4. 技能考核 | | | | |
| 情景问题 | 为了使电动叉车处于良好的工作状态，必须对它进行一系列的维护与保养作业。 | | | | |

## 二、理论准备

电动叉车操作控制简便、灵活，操作人员的操作强度相对内燃叉车而言要小很多，电动转向系统、加速控制系统、液压控制系统以及制动系统都由电信号来控制，这大大降低了操作人员的劳动强度，对于提高工作效率及工作的准确性有非常大的帮助。

电动叉车是指以电动机提供动力进行作业的叉车，大多数用蓄电池提供电能。

### 1. 电动叉车的分类（见表 9.1）

表 9.1　电动叉车的分类

| 序号 | 名　称 | 特　点 | 图　例 |
|---|---|---|---|
| 1 | 平衡重式 | 以电瓶为动力的平衡重式叉车，简称电瓶叉车。它具有操作容易，无废气污染等特点，适合室内作业。随着环保要求的提高，电瓶叉车的需求将会日趋增长 | |

续表 9.1

| 序号 | 名　称 | 特　点 | 图　例 |
|---|---|---|---|
| 2 | 仓储式 | 主要是为仓库内搬运货物而设计的叉车，以电动机驱动。因车体紧凑、移动灵活、重量轻和环保性能好而在仓储业得到普遍应用。在多班作业时，仓储电动叉车需要有备用电池 | |
| 3 | 前移式 | 指带有外伸支腿，通过门架或货叉进行载荷搬运的堆垛用起升叉车。门架（或货叉）可以前后移动，当门架前移至顶端时，载荷重心落在支点外侧时相当于平衡重式叉车；当门架完全收回后，载荷重心落在支点内侧，此时即相当于电动堆垛机。这两种性能的结合，在保证操作灵活性及载荷性能的同时，不会增加很多的体积与自重，最大限度地节省作业空间 | |
| 4 | 电动托盘搬运叉车 | 以蓄电池为动力，搬运托盘为主的搬运车辆。与平衡重式叉车相比，电动托盘搬运叉车体型小、自重轻，主要用于中短距离的区域装卸 | |
| 5 | 电动托盘堆垛叉车 | 电动托盘堆垛叉车在结构上比电动托盘搬运叉车多了门架，承载能力为 1.0 ~ 1.6 t，作业通道宽度一般要求为 2.3 ~ 2.8 m，货叉提升高度一般在 4.8 m 内，主要用于仓库内的货物堆垛及装卸搬运 | |
| 6 | 电动拣选叉车 | 电动拣选叉车主要应用于某些配送中心，不需要整托盘出货，而是按照订单拣选多种品种的货物组成一个托盘。按照拣选货物的高度，电动拣选叉车可分为低位拣选叉车（2.5 m 内）和中高位拣选叉车（最高可达 10 m） | |

续表 9.1

| 序号 | 名称 | 特点 | 图例 |
|---|---|---|---|
| 7 | 三向堆垛叉车 | 电动三向堆垛叉车具有回转侧移结构，该叉车可以在车辆横向的一侧或两侧进行堆垛作业，其最大起升作业高度可以达到 12 m | |
| 8 | 电动牵引车 | 电动牵引车指采用电动机驱动，利用其牵引能力（3.0～25 t）在其后拉动几个装载货物的小车。它经常用于车间内或车间之间大批货物的运输 | |

## 2. 电动叉车的结构特点

内燃叉车与电动叉车在总体结构上的区别主要体现在动力装置上的不同，除此之外，行走传动机构及其操纵装置也有所不同。但是叉车的工作装置及液压系统、转向装置、制动装置、驱动桥和转向桥等则是彼此相同或相似的。

### 1）电动叉车的动力源——蓄电池

蓄电池是储存化学能量、在必要时放出电能的一种电化学设备。在电动叉车的动力装置中，蓄电池是原动力，它是将化学能直接转化成电能的一种装置，是按可再充电设计的电池。通过可逆的化学反应实现再充电，属于二次电池，通常指铅酸蓄电池。

（1）蓄电池的工作原理及结构。充电时利用外部的电能使内部活性物质再生，把电能储存为化学能，需要放电时再次把化学能转换为电能输出。它用填满海绵状铅的铅基板栅（又称格子体）作负极，填满二氧化铅的铅基板栅作正极，并用密度 1.33～1.46 g/mL 的稀硫酸作电解液。电池在放电时，金属铅是负极，发生氧化反应生成硫酸铅；二氧化铅是正极，发生还原反应生成硫酸铅。电池在用直流电充电时，两极分别生成单质铅和二氧化铅。移去电源后，它又恢复到放电前的状态，组成化学电池。铅蓄电池能反复充电、放电，它的单体电压是 4 V。通常由一个或多个单体构成电池组，最常见的是 6 V、14 V 蓄电池，也有 4 V、8 V、44 V 蓄电池。

（2）蓄电池的种类。

① 牵引型蓄电池主要用作各种蓄电池车、叉车、铲车等的动力电源。

② 起动型蓄电池主要用于汽车、摩托车、拖拉机、柴油机等的起动和照明。

③ 固定型蓄电池主要用于通信、发电厂、计算机系统，作为保护、自动控制的备用电源。

④ 铁路用蓄电池主要用于铁路内燃机车、电力机车、客车起动、照明之用。

⑤ 储能用蓄电池主要用于风力、太阳能等发电用电能储存。

（3）牵引型蓄电池的结构特点。电动叉车上使用的电源基本上都是牵引型蓄电池（也称动力型蓄电池)。在结构上,牵引型蓄电池正极板一般采用管式极板,负极板采用涂膏式极板。管式正极板是由一排竖直的铅锑合金芯子外套以玻璃纤维编结成的管子制成，管芯在铅锑合金制成的栅架格上，由填充的活性物质构成。由于玻璃纤维的保护，使管内的活性物质不易脱落,因此管式极板寿命相对较长。将单体的牵引型蓄电池通过螺栓紧固连接或焊接的形式,可以组合成不同容量的电池组，电动叉车就是以电池组的形式提供电源的。

**2）电动叉车动力装置的核心——直流电动机**

电动机是将电能转化为机械能的装置，按照供电电源的不同，可分为交流电动机和直流电动机两大类。由于直流电动机具有良好的起动性能和调速性能，加之机械特性能更好地满足工作机械的要求，故广泛应用于电力牵引、起重设备等要求调速范围大、精度高的场合。目前电动叉车使用的就是直流电动机。

直流电动机由定子和转子两部分组成。主要特点是具有一个带换向器的电枢。如图 9.1、9.2 所示。

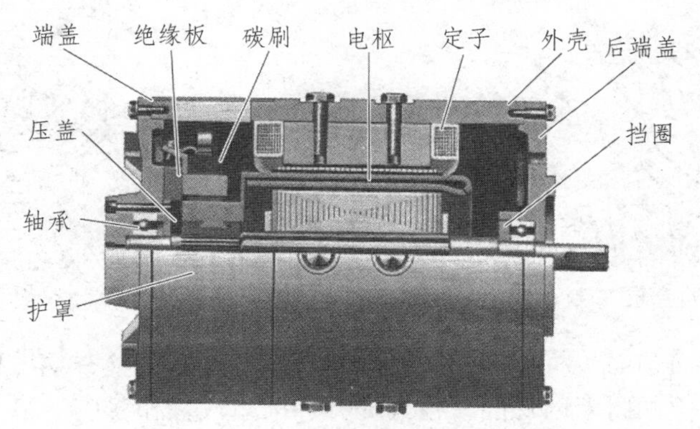


**图 9.1　电动叉车驱动用直流电动机的结构**

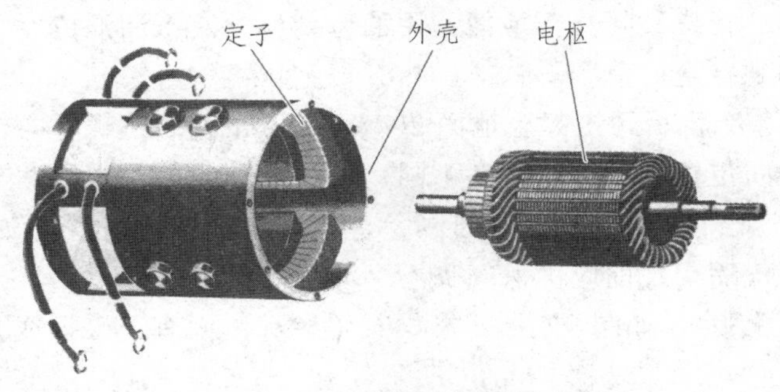


**图 9.2　直流电动机的组成**

（1）定子。直流电动机的定子由机座、主磁极、换向磁极和电刷装置等部件组成。

（2）转子。直流电动机的转子由电枢、换向器、转轴和风扇等部件构成。其中，电枢由电枢铁心和电枢绕组两部分组成。电枢铁心由硅钢片叠成，在外圆处均匀分布着齿槽，电枢绕组则嵌置于这些槽中。换向器是一种机械整流部件，由换向片叠成圆筒形后，以金属夹件或塑料成型为一个整体。各换向片间互相绝缘。换向器的质量对运行可靠性有很大影响。其作用是产生电磁转矩和感应电动势。

## 三、实践操作

### 1. 操作前的检查与维护

（1）检查制动踏板。检查制动情况并且确保在完全踩下制动踏板时，从制动踏板底板平面算起，制动踏板的向下行程应超过 50 mm，空载时叉车的制动距离大约在 2.5 m。

（2）检查制动液。

（3）检查驻车制动手柄，如图 9.3 所示。将驻车制动手柄向前推，观察下述情况：是否有适当的拉力行程；制动力大小；有无损伤的零部件；手柄操作力（标准为 170 ~ 220 N）大小是否适合操作者。操作者可通过安装在手柄顶部的螺钉进行调节。

（4）检查方向盘，如图 9.4 所示。将方向盘顺时针和逆时针轻轻转动，检查是否有回弹行程（50 ~ 100 mm）。方向盘向前和向后的行程都约为 7°，如果满足上述情况，方向盘即为正常。

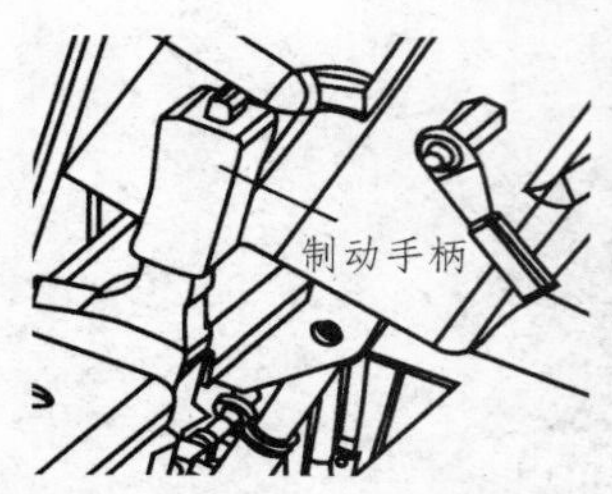

图 9.3　检查驻车制动手柄

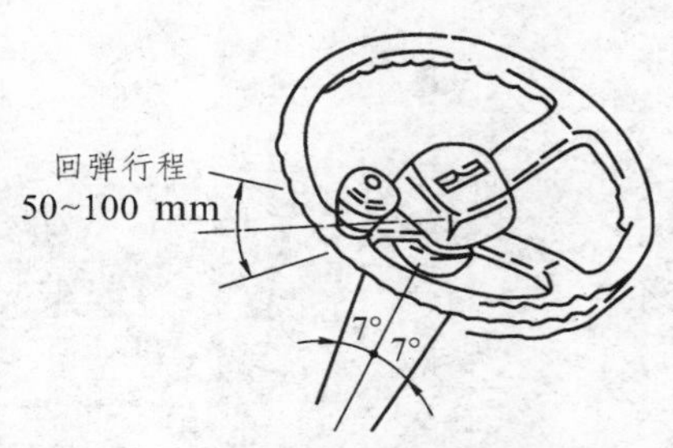

图 9.4　检查方向盘的转动情况

（5）检查动力转向功能。将方向盘顺时针和逆时针转动，检查动力转向情况。

（6）检查液压系统和门架的功能，检查提升和前后倾操作是否平滑正常。

（7）检查油管。检查起升液压缸、倾斜液压缸和所有管路是否有漏油情况。

（8）检查液压油。将货叉降落至地面，用油位计检查液压油油位，当油位低于指定范围时，适量添加液压油到合适的范围。

（9）检查起升链条，将货叉提起至地面 200 ~ 300 mm 高，确保左右链条松紧度一致。检查指形棒是否处于中间位置，如果松紧度不同，可通过链条接头进行调节。

（10）检查轮胎（充气轮胎），如图 9.5 所示。拔掉气嘴帽，用轮胎气压计测量轮胎气压。检查气压后，在装上气嘴帽之前应确保气嘴不会漏气。

检查轮胎（实心轮胎），如图 9.6 所示。检查轮胎和侧面有无破损或开裂，轮辋、锁圈有无变形或损伤。

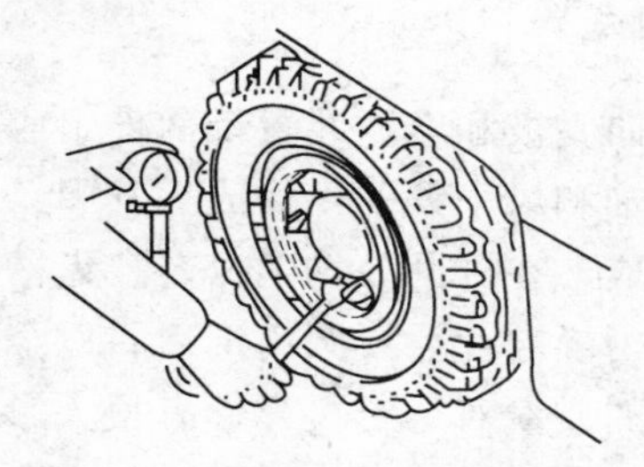
图 9.5　检查轮胎（充气轮胎）

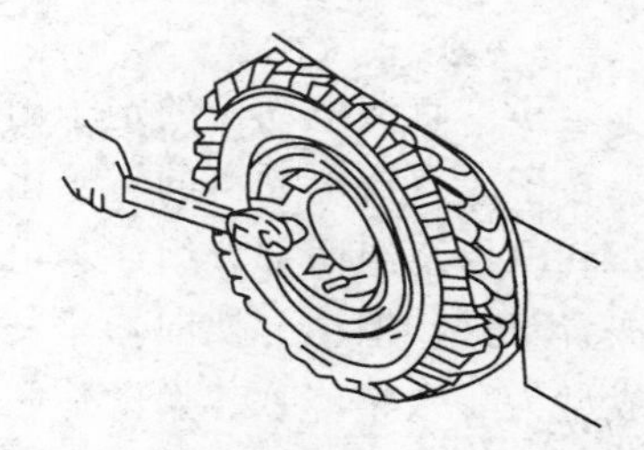
图 9.6　检查轮胎（实心轮胎）

（11）检查轮毂螺母。

（12）检查充电情况。测量蓄电池电解液的密度，当转换到30 °C时蓄电池密度如为1.275～1.285，说明蓄电池已充足电；检查接线端子是否松动，电缆线有否损坏。

（13）检查前照灯、转向信号灯和喇叭。

（14）检查这些灯是否正常亮，喇叭是否正常响。

（15）检查仪表板功能。正常情况下接通钥匙开关几秒钟后，仪表板应正常显示，无故障码。

（16）检查护顶架（见图9.7）和挡货架。检查有否螺栓或螺母松动情况。

（17）其他。检查其他零部件有无异常情况。

图9.7　检查护顶架

## 2. 操作后的检查与维护

（1）所有零部件是否有损坏或泄漏。

（2）是否有变形、扭曲、损伤或断裂情况。

（3）根据情况添加润滑油脂。

（4）工作后将货叉提升到最大高度（当每日工作中未用到货叉上升到最大高度的情况时，这样做可使液压油流过液压缸内全部行程，以防生锈）。

（5）更换在工作时引起故障的异常零部件。

## 3. 每周的维护与保养（50 h）

### 1）检查电解液液位

每次蓄电池充完电后，检查电解液液面高度。液位过低时，应添加蒸馏水，如图9.8所示添加完蒸馏水后，应将蓄电池盖帽盖紧。

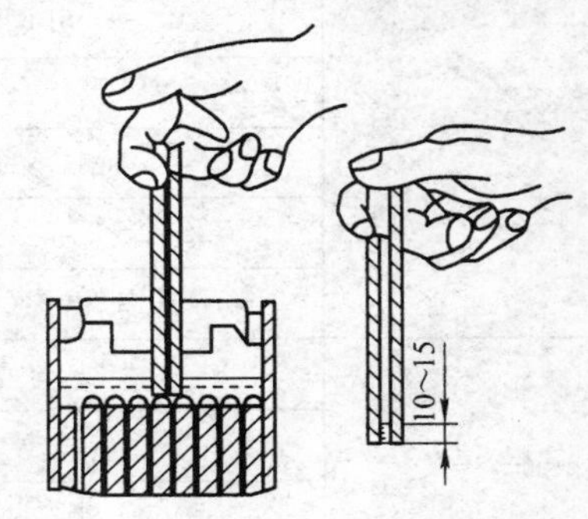


图9.8　电解液液面高度的检查

添加蒸馏水时请勿使电解液溅出，否则会产生漏电现象，使人受电击。

### 2）检查电解液密度

正常：当所有单格蓄电池变换为30 °C时的密度均相同时为正常。

不正常：当某单格蓄电池密度比其他蓄电池密度的平均值小 0.05 以上时，为不正常。

**3）清洁蓄电池**

用湿棉布擦去蓄电池上部的脏污并保持干燥，以免蓄电池上部的连接部分受到腐蚀。

**4）检查接触器**

将一张砂纸放入接触器触点之间，推动触点使其与静触点闭合，然后拉出砂纸。重复上述过程。

## 4. 每月的维护与保养（200 h）

除了每周的维护保养外，每月还要进行一些维护与保养，如表 9.2 所示。

**表 9.2 每月的维护与保养**

| 系 统 | 维护与保养内容 | | 备 注 |
|---|---|---|---|
| 整 车 | 总体情况 | 变形、裂纹和不正常噪声 | |
| | 喇 叭 | 声 音 | |
| | 附件（前照灯、转向灯等） | 功 能 | |
| 蓄电池、充电器及电气系统 | 电解液 | 液位、密度和清洁度 | |
| | 插头 | 损坏程度和清洁度 | |
| | 钥匙开关 | 功 能 | |
| | 接触器 | 接触性和功能 | |
| | 微动开关 | 功 能 | |
| | 控制器 | 功 能 | |
| | 牵引电机 | 磨损和弹簧力 | |
| | 起升电机 | 磨损和弹簧力 | |
| | MOS 管 | 电流限额级功能 | |
| | 熔丝 | 是否松动和容量 | |
| | 线束和接线端子 | 是否松动和容量 | |
| 驱动、转向、门架、液压和控制系统 | 方向盘 | 操作和调整 | |
| | 转向连杆 | 润 滑 | |
| | 齿轮箱 | 油量、渗漏和不正常噪声 | |
| | 轮胎的安装螺母 | 是否松动 | |
| | 轮 胎 | 磨损情况 | |
| | 起升链条 | 润滑和松紧情况 | |
| | 液压缸支座销 | 松动和损坏 | |

续表 9.2

| 系　统 | 维护与保养内容 | | 备　注 |
| --- | --- | --- | --- |
| 驱动、转向、门架、液压和控制系统 | 货叉架 | 调整、润滑、裂纹和变形 | |
| | 货叉 | 裂纹和变形 | |
| | 货叉架滚轮 | 调整和润滑 | |
| | 门架滚轮 | 调整和润滑 | |
| | 内、外门架 | 是否晃动 | |
| | 起升液压缸 | 是否渗漏 | |
| | 倾斜液压缸 | 是否渗漏 | |
| | 多路阀 | 功能和渗漏 | |
| | 液压油箱 | 油量和渗漏 | |
| | 高压油管 | 渗漏和变形 | |
| | 护顶架、挡货架 | 损坏、裂纹和变形 | |
| | 制动手柄 | 润滑和移动 | |
| | 驻车制动及各运动点 | 调整和润滑 | |
| | 螺栓和螺母 | 是否松动 | |
| | 液力转向 | 功　能 | |

## 5. 蓄电池的日常维护与保养

### 1）蓄电池的充电常识

蓄电池的使用是受时间限制的，要保证蓄电池叉车正常运行，就必须定时充电。蓄电池内电量充足，才能保证直流电动机的正常运转。除初次充电有特别要求外，蓄电池叉车在每天使用后就应对蓄电池充电。

使用充电机应做好充电记录，使用时要注意用电安全，防止触电事故。蓄电池充电分为初次充电和经常充电两种：初次充电即新电池注入电解液后的第一次充电，经常充电为初次充电后的各次充电。

充电顺序如下：

（1）新蓄电池开箱后，先擦净表面，然后检查电池槽、电池盖是否在运输中遭破损；各零件是否齐整；封口剂是否有裂纹。如有问题，应在注入电解液之前解决。

（2）把各个蓄电池的工作栓（即盖帽）旋下，仔细检查泄气孔是否畅通，如有蜡封闭的应用细针刺通。在旋下工作栓时，可看到电池盖的注液孔中有一层封闭薄膜或软胶片，可随即把薄膜弄破或把软橡胶取出。

（3）已配置好的密度为 1.250 ± 0.005（20 °C 时）的电解液，温度控制在 30 °C 左右才能注入蓄电池内，注入量以液面高于多孔保护板 15 ~ 20 mm 为宜。蓄电池内部电解液与极板间发生化学反应会产生很多热量，必须静置 6 ~ 10 h，待温度下降到 30 °C 左右时，才可开始进行充电。

（4）在开始充电之前，必须对充电设备、变阻器及仪表等进行一次全面的检查，若失灵或有故障，应在充电前排除。

（5）充电采用直流电源。使用直流发电机、挂整流器充电均可，最好能装置逆流保护装置。

（6）蓄电池在充电时，内部有大量的气体产生，因此需要把工作栓打开，这样便于排出充电时产生的气体，否则电池槽有爆破的危险。

（7）当初次充电完成后，稍等片刻把工作栓旋上，然后用清水将蓄电池外表的电解液冲洗干净。特别对接线柱和连接线部分，如螺栓、铜接头等，更要洗刷清洁并擦干，然后涂上一层凡士林油膏，这样可以防止铜铁等金属材料的腐蚀。

### 2）蓄电池的日常维护和保养要求

由于蓄电池装在车辆上经常移动，并且具有体积小、重量轻、耐振、耐冻和瞬时放电电流大等特点，所以在日常维护保养方面还有一些不同的要求。

（1）电池在使用过程中，必须保持清洁。在充电完毕并旋上注液胶塞后，可用浸有苏打水的抹布或棉纱擦去电池外壳、盖子和连接条上的酸液和灰尘。

（2）极柱、夹头和铁质提手等零件表面上应经常保持有一层薄凡士林油膜。发现氧化物必须及时刮除，并涂凡士林以防腐蚀。接线夹头和电池极柱必须保持紧密接触，必须要拧紧线夹的螺母。

（3）注液孔上胶塞必须旋紧，以免车辆在行驶时因振动使电解液溅出。胶塞上透气孔必须畅通，否则电池内部的气压增高将导致胶壳破裂或胶盖上升。

（4）电解液应高于多孔保护板 10 ~ 20 mm，每天使用后要进行检查。发现液面低于要求时，只能加入纯水（或蒸馏水），不能加硫酸。如不小心将电解液溅出而降低了液面高度，则必须加进和电池中同样比例的电解液，而不能加入密度过低的电解液。

（5）电池电解液的密度（见图 9.9）如降低至规定值以下或已放电的电池，必须立即进行充电，不能久置，以免极板发生硫酸化。最好每月检查电池的放电程序，适当补充充电一次。

（6）电池上不可放置任何金属物体，以免发生短路。不要将导线直接放在极柱上方来检查电池是否有电，这样会产生过大放电电流，损失电池容量。可用电压表或电灯泡检查电池是否有电。

（7）凡有活接头的地方，在充放电时，均应保持接触良好，以免因火花使电池爆炸。

（8）搬运电池时不要在地上拖曳。

（9）对停放不用时间不超过一个月的车辆，应检查电池是否有电，并将电池接线拆开一根，以防止漏电。

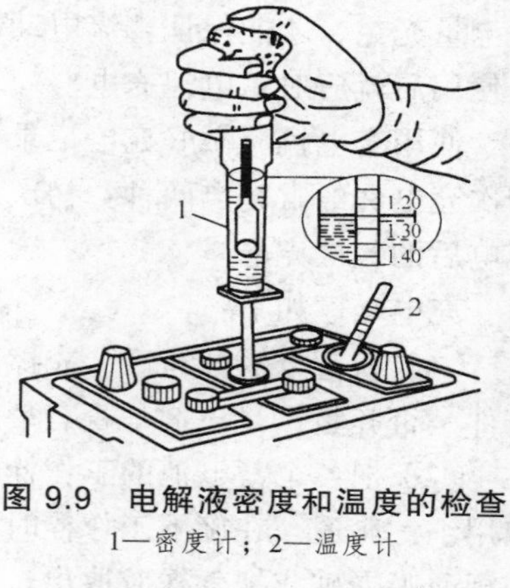

图 9.9　电解液密度和温度的检查
1—密度计；2—温度计

（10）严禁用河水或井水配置电解液。蓄电池在充电过程中，有氢气和氧气外溢，因此严禁烟火接近蓄电池，以免发生爆炸事故。

（11）电池充电后一般密度范围控制在 1.28 左右为好。

3）电动叉车电池保养常见问题及解决方案

目前，一般企业无标准操作规范，没有安排专职人员维护电池，平时只能早上上班时补充一次蒸馏水；正在运行的叉车不能一一打开检查，一般情况下无法实现每隔几小时检查一下电解液情况；对每组电池、新电池初充、阶段性补充充电、去硫充电、循环充电、均衡充电以及电解液密度监测等专业保养更难以实现，从而就会出现以下一些情况。

（1））电解液补充情况不合理。

参照图 9.10、图 9.11，目前普遍存在加蒸馏水过多或过少的现象，正确补充蒸馏水对电池的效能和使用寿命有重要影响，并且可减少和降低硫酸盐化。

图 9.10　加水不足

图 9.11　加水过量

正确补水要求：① 必须在电池充满电后 1 ~ 2 h 内进行。应形成良性循环，做到下次使用前补水；② 在电池使用之后，测量液位（以防溅板为基准），确认在上个充放电周期内电池极板没有外露；③ 补水后液位应高于防溅板 5 ~ 10 mm，但不可过高，以防溅板为基准。

注意事项：在正常使用时，一个充放电周期内，一个单元电池的水分损失约 4 mL/（100 A · h）的水量。如：一个 210 A · h 的单元电池大约需要补充 8.4 mL 的纯水。① 补水后，电解液的液位不可超出防溅板 10 mm，原因为：液位过高，电池液接触到电池极板间连焊接的铝排，会形成电池液的离子污染，从而使电池组放电加快，损害电池容量和寿命。液位过高在电化学反应时会引起电解液飞溅溢出，导致电解液浓度降低，从而降低电池容量和电池电压，且飞溅出的电解液会对车体和电池造成腐蚀。② 如电解液液位不足，则在电池使用时，电池极板上端部分会外露出电解液，这样就减少了电池极板参与电化学反应的面积，从而降低电池的容量。负极板接触空气转化为氧化铅，进一步变为硫酸铅，这种情况下更容易发生结晶硫化。③ 电池在运作中应保持电解液应有的浓度及各个单元电池之间浓度的一致性。加水过多，会造成电解液飞溅溢出，使各个单元电池之间浓度不一致，使单元电池之间存在电位差，产生环流而影响电池组的效率。

（2）电池清洁不到位，如图 9.12 所示。由于没有专人每天清洁，再加上上述补水过程的不合理，不能做到少量多次补水，经常造成一次补水过满，在充电过程中造成电解液飞溅溢出，形成电解液的离子污染。另外，仓库搬运货物频繁，环境的灰尘浓度也较高。

图 9.12　电池清洁不到位

① 正确清洁要求：每天检验电池表面，保持电池表面清洁无尘。若不太脏，可以用湿布擦干净，切勿用干布擦拭电池表面，以免引起静电。若非常脏，就要将蓄电池从车上卸下，用水清洗后使之自然干燥。电池箱底部都设计有开孔，直接用水冲洗即可，要注意把补液盖盖好，严禁有水流入电解液中。

② 注意事项：蓄电池表面脏污将引起漏电，表面经常累积结晶的硫酸铅而不去清理甚至会造成短路，大大缩短电池寿命。

（3）电解液杂质预防。由于工作环境灰尘较多，不断有灰尘落入电解液中，而且一般充电时气盖是敞开的，时间久了进入电解液的落尘量是相当可观的，足以影响到电池的寿命。所以建议充电过程中使电池气盖处于图 9.13 所示的状态，既不影响充电过程排气，又可以减少落尘量。

图 9.13　蓄电池气盖状态

电池内部有杂质后就会形成无数个“微电池”，这些“微电池”经过内部各种桥路进行无终止的短路放电，称做自行放电，简称自放电。自放电的危害首先是导致蓄电池电荷量的减少和电动势的下降，这将会影响蓄电池的启动性能。时间久了还会导致蓄电池故障的发生，如极板硫化、极板活性物质脱落、正极板板栅腐蚀等。而这些故障的产生又会影响蓄电池的性能，严重时将会导致蓄电池使用寿命的缩短，使蓄电池提前报废。

（4）气盖清洁及极柱连接缺少维护，如图 9.14 所示。电池的液孔塞或气盖应保持清洁，充电时取下或打开，充电完毕应装上或闭合，连接螺栓应保持清洁、干燥。

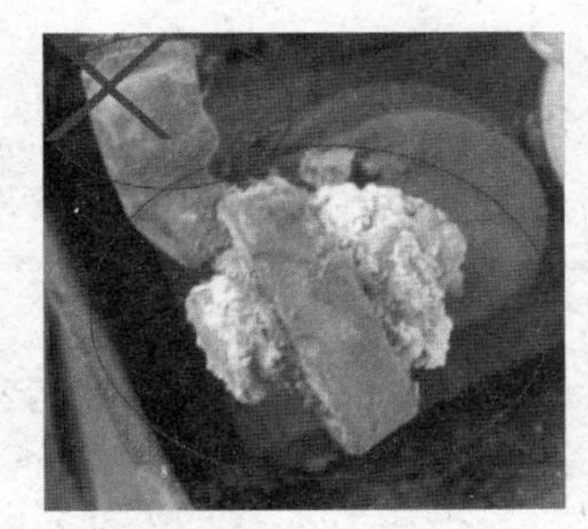

图 9.14　气盖清洁及极柱连接缺少维护

① 保养要求：经常用抹布蘸开水擦洗电池外部，将面板、极柱擦拭干净，并用扳手紧固，以保证良好的导电接触性。

② 注意事项：经常检查电池连线的紧固螺母有无松动，电池的连接线螺栓必须保持接触良好，以免产生火花，引起电池爆炸或极柱烧坏；充电过程中有氢气、氧气析出，工作人员要严禁烟火接近蓄电池，以免发生爆炸事故。

（5）存放环境待改进，如图 9.15 所示。电池应尽可能安装在清洁无尘、阴凉干燥、通风、温度保持在 10～30 °C 的地方并要避免受到阳光、加热器或其他辐射热源的影响。在图（a）中，地面没有排水槽，背靠一堵墙，充电环境不够干燥通风，现场酸性气体浓度较高，人员可以明显感觉到不适。建议地面开一条排水槽，如图（b）所示，以便在清洗电池时使水排出。建议后边墙安装两台抽气扇，以更好地增加通风效果。

（a）

（b）

图 9.15　改进存放环境

（6）无定期均衡充电保养问题。电池在使用中，往往会出现电压、密度及容量不均衡现象。均衡充电使各电池在使用中都能达到均衡一致的良好状态。电池在使用时每月应进行一次均衡充电。

均衡充电的方法：先将电池进行普通充电，待充电完毕静置 1 h 后再用初充电第二阶段电流的 50% 继续充电，直到产生剧烈气泡时停充 1 h。如此反复数次，直至电压、密度保持不变，于间歇后再进行充电便立即产生剧烈气泡为止。在均衡充电中，每只电池的电压、密度及温度都应进行测量并记录，充电完毕前，应将电解液的密度及液面高度调整到符合规定。

## 四、评价与反馈

### 1. 自我评价与反馈

（1）你是否知道电动叉车的基本结构？（　）

A. 知道　　B. 不知道

（2）你是否能够完成对电动叉车的日常维护？（　）

A. 能够　　B. 在小组协作下能够完成　　C. 不能完成

（3）完成了本学习任务后，你感觉哪些内容比较困难？

________________________________________

________________________________________

________________________________________

签名：__________　　________年________月________日

### 2. 小组评价与反馈

（1）你们小组在接到任务之后是否分工明确？________________________________________。

（2）你们小组每位组员都能轮换操作吗？________________________________________。

（3）遇到难题时你们分工协作吗？________________________________________。

（4）对于小组其他成员有何建议？________________________________________。

参与评价的同学签名：__________　　________年________月________日

### 3. 教师评价及回复

________________________________________

________________________________________

________________________________________

教师签名：

________年________月________日

## 五、技能考核标准

对电动叉车进行操作前的检查，考核标准如表 9.3 所示。

表 9.3　电动叉车进行操作前的检查

| 序号 | 项　目 | 分　数 | 得　分 |
|---|---|---|---|
| 1 | 检查制动踏板 | 5 | |
| 2 | 检查制动液 | 5 | |
| 3 | 检查驻车制动手柄 | 5 | |
| 4 | 检查方向盘的转动情况 | 5 | |
| 5 | 检查动力转向功能 | 5 | |
| 6 | 检查液压系统和门架的功能 | 10 | |
| 7 | 检查油管 | 5 | |
| 8 | 检查液压油 | 5 | |
| 9 | 检查起升链条 | 10 | |
| 10 | 检查轮胎 | 5 | |
| 11 | 检查轮毂螺母 | 5 | |
| 12 | 检查充电情况 | 10 | |
| 13 | 检查前照灯、转向信号灯和喇叭 | 10 | |
| 14 | 检查护顶架 | 5 | |
| 15 | 检查仪表板功能 | 10 | |
| 总　分 | | 100 | |

# 学习任务十　叉车的驾驶

## 一、学习任务描述

| 任务名称 | 叉车的驾驶 | 任务编号 | 10 | 课时 | 20 |
|---|---|---|---|---|---|
| 学习目标 | 1. 了解叉车的仪表和操纵机构<br>2. 了解正确的驾驶姿势及如何起步、停车<br>3. 能正确驾驶叉车 | | | | |
| 考评方式 | 按技能考核标准考核 | | | | |
| 教学组织方式 | 1. 理论准备<br>2. 实践操作<br>3. 评价与反馈<br>4. 技能考核 | | | | |
| 情境问题 | 叉车驾驶员在按规范车检上车后，按照规范起动叉车，正确驾驶，并按规范入库停车 | | | | |

## 二、理论准备

### 1. 电动叉车的操纵机构

电动叉车的操纵机构主要包括方向盘、加速踏板、制动踏板、手制动操纵杆、升降操纵杆、倾斜操纵杆、方向盘倾角调整杆、换向操纵杆等。图 10.1 是龙工 LG16B 电动叉车操纵机构示意图。

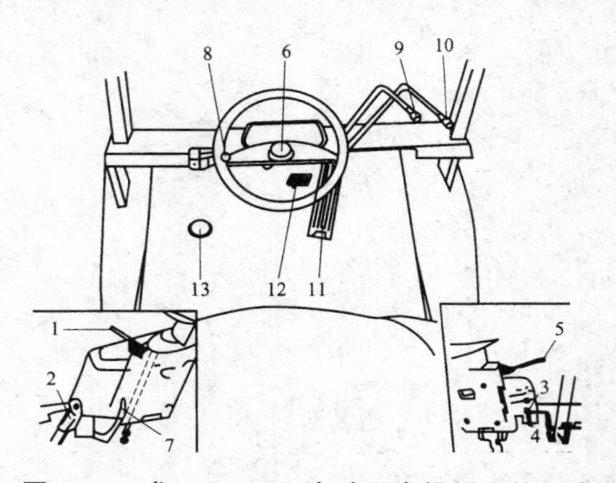


**图 10.1　龙工 LG16B 电动叉车操纵机构示意图**

1—换向操纵杆；2—驻车制动操纵手柄；3—灯光开关；4—钥匙开关；5—转向灯开关；6—喇叭按钮；7—方向盘倾角调整杆；8—方向盘；9—升降操纵杆；10—倾斜操纵杆；11—加速踏板；12—制动踏板；13—脚喇叭按钮

（1）钥匙开关有“开/关”两个位置，先将换向操纵杆置于空挡位置，放松加速踏板，然后将钥匙顺时针转到“开”的位置。

（2）按下方向盘中心的喇叭按钮，喇叭就会响，起动钥匙即使在“关”的位置上喇叭也会响。

（3）转向灯开关。指明叉车转弯方向，当叉车准备转弯时操纵转向灯开关，转向灯会闪烁。

（4）灯光开关为拉拔式灯光开关。叉车灯包括前照灯、前组合灯、后组合灯。前组合灯包括转向信号灯和示宽灯。后组合灯包括转向信号灯、示宽灯、制动灯和倒车灯。将拉拔式灯光开关拉出一半，示宽灯会亮；将灯光开关全部拉出时，示宽灯、前照灯均亮；将灯光开关全部推回，示宽灯、前照灯均灭。

（5）方向盘顺时针旋转，叉车将向右转；方向盘逆时针旋转，叉车向左转。叉车的后部能向外摆动。

（6）前后推拉升降操纵杆，货叉就能下降上升。起升速度由手柄后倾角度控制。下降速度由手柄前倾角度控制。

（7）门架倾斜可通过前后推拉倾斜操纵杆控制。向前推该操纵杆使门架前倾；向后拉该手柄使门架后倾。倾斜速度决定于手柄的倾斜角度。多路阀带有前倾自锁阀，在电路切断时，即使前推倾斜操纵杆，也不能使门架前倾。

（8）驻车制动时，通过后拉驻车制动操纵手柄，使制动器在前轮上产生制动力。要松开驻车制动，前推手柄即可。驻车制动左侧装有微动开关，拉紧手柄可使运行无效。

（9）换向操纵杆用来切换叉车的前进和倒车方向。当换向操纵杆向前推并且踩下加速踏板时，叉车向前运行；当换向操纵杆向后时，则叉车向后退行。转向电动机有延时关断功能。

转向电动机停止工作后，只有换向操纵杆在前进或后退位置且踩下加速踏板时，才能使转向电动机重新工作。

如果换向操纵杆不在中位或加速踏板已经踩下，钥匙开关转到“开”位置，也不会使叉车运行。在这种情况下，应将换向操纵杆恢复到中位，且将脚移开加速踏板，这样叉车才可起动运行。

（10）慢慢踩下加速踏板，运行电动机开始运转，叉车开始起动。根据踏板上的踏力，可使运行速度实现无级调节。

打开钥匙开关前，不要踩加速踏板，否则仪表显示器会显示故障。

（11）踩下制动踏板，叉车将减速或停止，同时制动灯亮。切勿同时踩下加速踏板和制动踏板，否则会损坏行走电动机。

## 2. 电动叉车的仪表

以下仍然以龙工 LG16B 电动叉车的仪表为例，进行电动叉车的仪表说明。龙工 LG16B 电动叉车的仪表为 CYPE 系列仪表，此仪表是与 DQKC-025-032 电控总成配套使用的组合仪表，分为主控制板和继电器板两部分，装配在仪表的壳体内。控制功能由单片机实现，主要实现辅助控制功能以及向驾驶员提供车辆工况显示界面，如图 10.2 所示。

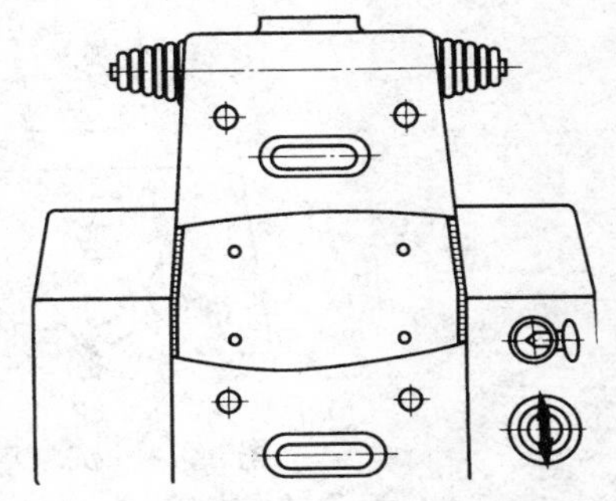

图 10.2　龙工 LG16B 电动叉车仪表外形图

仪表板由电池电量表、小时计及 11 只指示灯组成。电池电量表显示蓄电池电量状态，具有超下限报警功能；小时计显示运行时间累计值；11 只指示灯分别是仪表电源指示、故障、电池状态、驻车制动、前进、后退、空挡、左转向、右转向、前照灯和示宽灯指示，如图 10.3 所示。驻车制动、故障、空挡指示为红色，其他为绿色。

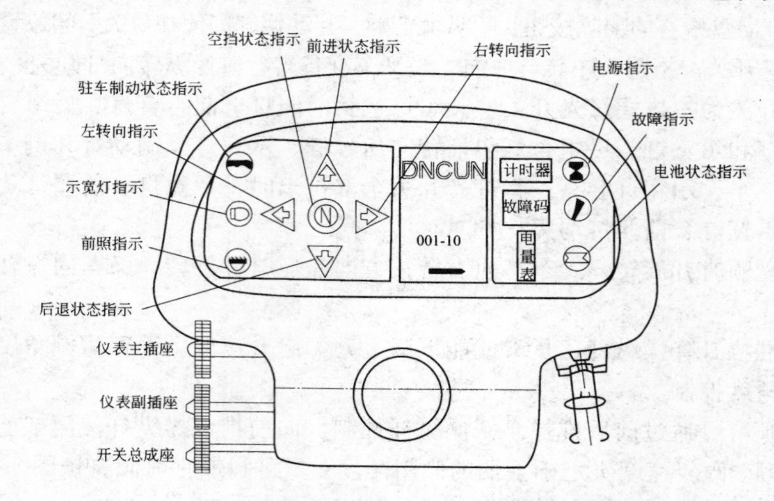


图 10.3　龙工 LG16B 电动叉车仪表面板布置图

## 3. 内燃平衡重式叉车的操纵机构

内燃平衡重式叉车的操纵机构主要包括方向盘、加速踏板、离合器踏板、驻车制动操纵杆、升降操纵杆、倾斜操纵杆、方向盘倾角调整杆、换向操纵杆等组成。图 10.4 是杭州内燃平衡重式叉车机械传动式操纵机构示意图。

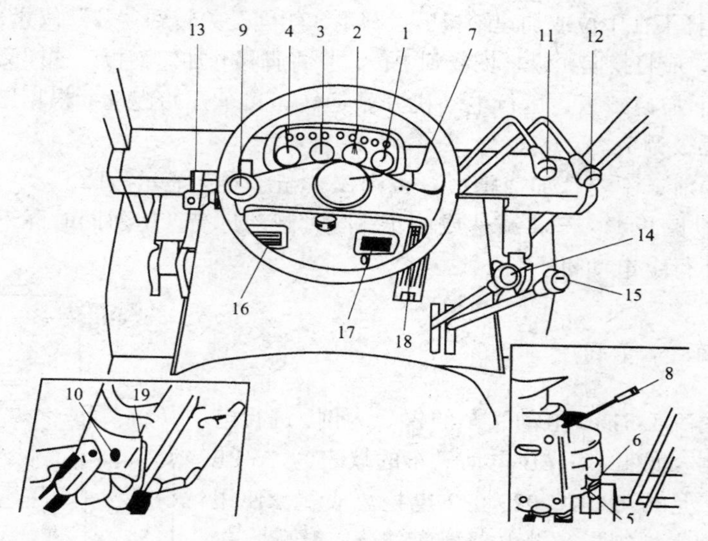


图 10.4　杭州内燃平衡重式叉车机械传动式操纵机构示意图

1—计时表；2—液力传动油温表；3—发动机水温表；4—燃油表；5—钥匙开关；6—灯光开关；7—喇叭按钮；8—转向灯开关；9—方向盘；10—检查开关；11—升降操纵杆；12—倾斜操纵杆；13—驻车制动操纵杆；14—换向操纵杆（机械式）；15—换挡操纵杆；16—离合器踏板（机械式）；17—制动踏板；18—加速踏板；9—方向盘倾角调整杆

（1）钥匙开关。

OFF：这是起动钥匙插入式拔出的位置，在该位置时停机。

ON：起动钥匙位于“ON”位置时，电路接通，发动机起动后，钥匙就停留在该位置。

START：起动钥匙位于“START”位置时，发动机起动；起动后，一松手钥匙在回弹力的作用下自动回到“ON”位置。

起动时，钥匙置于“ON”位置，预热指示灯（D）点亮；当灯熄灭以后，钥匙转到“START”位置起动。

（2）踩下离合器踏板，发动机与变速箱分离；松开离合器踏板，来自发动机的动力通过离合器传递给变速箱。不允许离合器处于半离合状态下运行叉车。

（3）踩下制动踏板，叉车将减速或停止，同时制动灯亮。应尽量避免急制动，以防止车辆倾翻。

（4）踩下加速踏板，发动机转速上升，车辆运行速度加快；松开加速踏板，发动机转速下降，车辆运行速度下降。

### 4. 内燃平衡重式叉车的仪表（图 10.5）

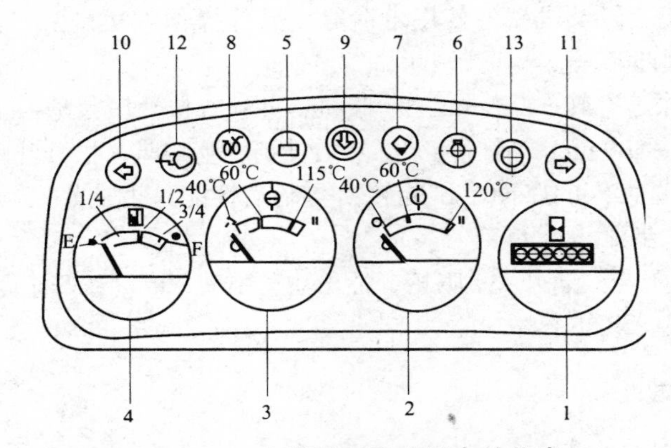


**图 10.5　内燃平衡重式叉车的仪表**

1—计时表；2—液力传动油温表；3—发动机水温表；4—燃油表；5—充电指示灯；6—油压报警灯；7—油水分离器指示灯；8—预热指示灯；9—空气滤清器指示灯；10—左转指示灯；11—右转指示灯；12—远光指示灯；13—滤清器指示灯

## 三、实践操作

### 1. 正确的驾驶姿势及起步、停车

#### 1）规范的上车动作及驾驶姿势

（1）上车动作。叉车驾驶员佩戴好安全帽，按规范巡检（电动叉车巡检项目为门架、前后轮胎、仪表）完后（见图 10.6），左手扶安全扶手，右手扶座椅，左脚蹬踏安全踏板（见图 10.7），坐上叉车驾驶座，正确系上安全带。

图 10.6　环绕四周检查

图 10.7　正确的上车动作

（2）驾驶姿势。叉车驾驶员左手握住方向盘，右手轻放在升降操纵杆和倾斜操纵杆上。上体要保持端正、自然，两眼注视驾驶方向道路情况。

#### 2）叉车的起步流程

起步是叉车驾驶最基本、使用频率最高的操作动作。起步质量的好坏，直接影响到叉车的作业效率、货物的安全以及机械的使用寿命等。具体操作方法是：

（1）内燃叉车的起步流程。

① 启动发动机，中速空转 3 ~ 5 min 进行暖机，并检查机油压力是否正常，充电是否正常，将货叉升至距地面 200 ~ 300 mm，后倾门架，然后挂挡，鸣喇叭，松开驻车制动，平稳起步。

② 起步后应在平直无人的路面上试验转向与制动性能是否良好。

（2）电动叉车的起步流程。

合上电源总开关，闭合方向开关，鸣笛，松开驻车制动，将货叉升至距地面 200 ~ 300 mm，门架后仰，踩加速踏板，叉车起步。

#### 3）叉车的停车流程

（1）内燃叉车的停车流程。

减速，踩下制动踏板（机械式叉车离合器踏板也要同时踩下）；门架回位；车轮回正；拉紧驻车制动；换挡手柄置于空挡；钥匙开关置于“OFF”位置，关掉发动机；柴油叉车拉出发动机熄火拉杆；拔掉钥匙，规范下车。

（2）电动叉车的停车流程。

减速停车；门架回位；车轮回正；拉紧驻车制动；方向开关回位；关闭电锁，切断总电源；拔掉钥匙，规范下车。

平稳停车的关键在于根据车速快慢，用适当、均匀的力度踩踏制动踏板，特别是当叉车将要停住时，要适当放松一下踏板，然后再稍加压力，叉车即可平稳停车。

### 2. 直线前进和倒退

直线前进和倒退的训练场地布置如图 10.8 所示。

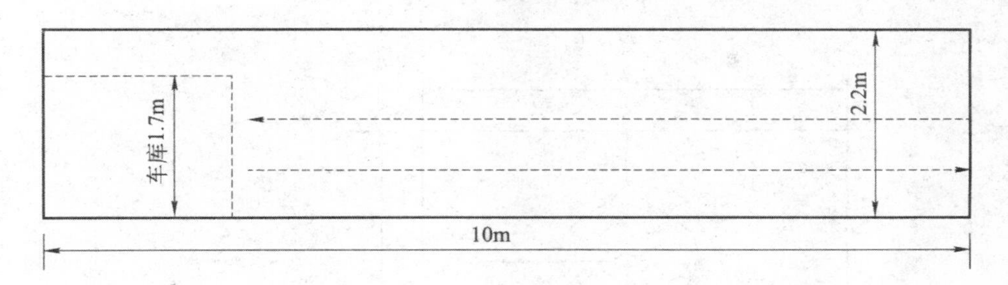


图 10.8　直线前进和倒退的训练场地布置

1）直线前进的操作要领

（1）操作要领。叉车直线前进要做到：目视前方，看远顾近，注意两旁，尽量行驶在路中央。由于路面凹凸不平，易使转向轮受到冲击振动而产生偏斜，需及时修正方向。当叉车前部（驱动桥端）向左（右）偏斜时，应向右（左）转动方向盘，待叉车前部快要回到行驶路线时，再逐渐将方向盘回正。

（2）注意事项。直线前进训练过程中，如果需要修正方向，要尽量"少打少回"，以免"画龙"。要细心体会方向盘的游动间隙，如叉车在道路右侧行驶时，为防止向右偏斜，方向盘应位于游动间隙的左侧。

2）直线后退的操作要领

直线倒车时，左手握住方向盘，身体向右斜坐，右臂依托在靠背上，转头向后，以叉车平衡重角或平衡重吊环中心对准库门、货垛及卸货地点，发出倒车信号，用一挡起步倒车。当车后部向左（右）偏斜，应立即将方向盘稍稍向右（左）回转修正，少打少回。回方向盘的时机要适当提前，以保证直线倒行，如图 10.9 所示。

图 10.9　叉车直线后退

## 3."8"字行进

"8"字行进的场地布置如图 10.10 所示。

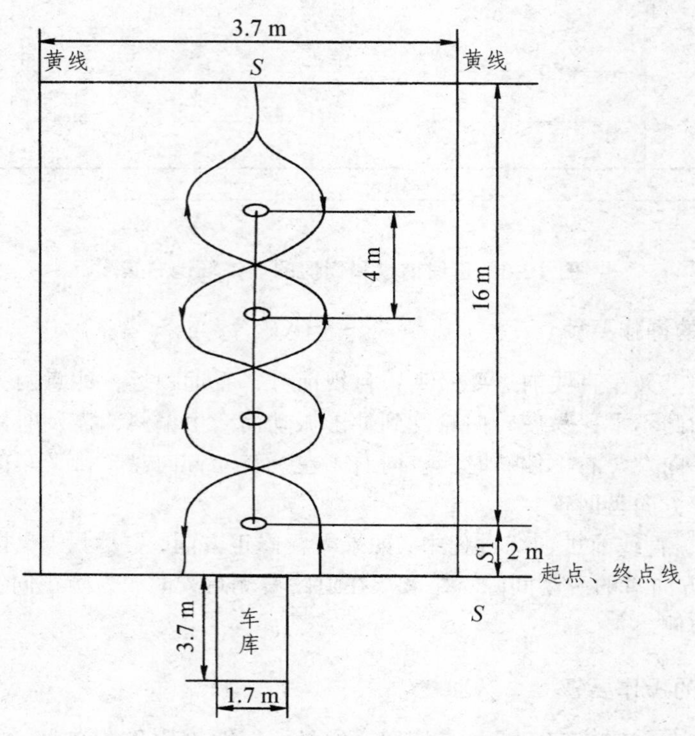


图 10.10 “8”字行进的场地布置

**1）操作要领**

（1）叉车前进行驶时，前外轮应靠近障碍杆，随障碍杆变换方向。既要防止叉车前轮压杆，又要防止后轮压线。

（2）后倒行驶时，内后轮应靠近障碍杆，随障碍杆变换方向。既要防止后轮压杆，又要防止前轮压线。

**2）注意事项**

（1）初学叉车驾驶时，车速要慢，运用加速踏板要平稳。行进时，因叉车随时都在转弯状态中，故后轮的阻力较大，如加速不够会使行进的动力不足，造成熄火；如加速过多，则车速太快，不易修正方向。所以，必须正确应用加速踏板，待操作熟练后再适当加快车速。

（2）转动方向盘要平稳、适当，修正方向要及时，角度要小，不要曲线行驶。

## 4. 侧方移位

侧方移位是车辆不变更方向，在有限的场地内将车辆移至侧方位置。侧方移位在叉车作业中应用较多，如在取货和码垛时，就经常使用侧方移位的方法调整叉车的位置。叉车侧方移位的场地设置如图 10.11 所示，图中位宽=两车宽+800 mm，位长=两车长。

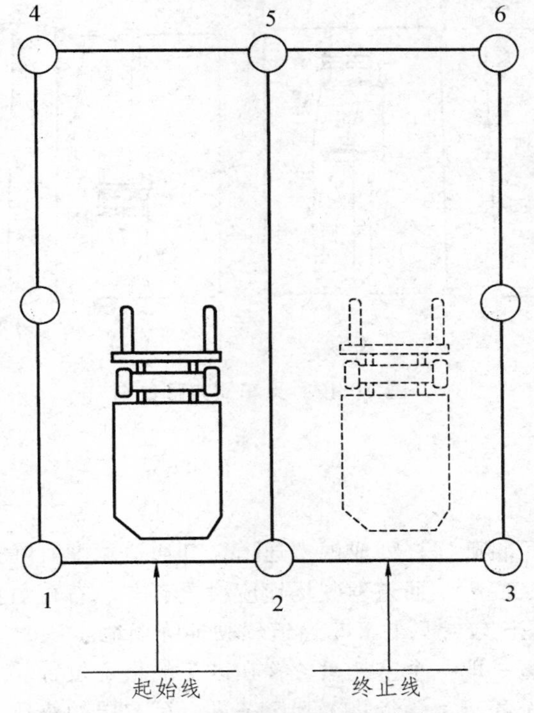


图 10.11　叉车侧方移位的场地布置

**1）操作要领**

（1）当叉车第一次前进起步后，应稍向右转动方向盘（或正直前进，防止左后轮压线），待货叉尖距前标线杆 1 m 时，迅速向左转动方向盘，使车尾向右摆；当车摆正（或车头稍向左偏）或货叉尖距前标线杆 0.5 m 时，迅速向右转动方向盘，为下次后倒做好准备，并随即停车，如图 10.12（a）所示。

（2）倒车起步后，继续向右转动方向盘，注意左前角及右后角不要刮碰两侧标线杆，待车尾距后标杆线 1 m 时，迅速向左转动方向盘，使车尾向左摆；当车摆正（或车头稍向右）或车尾距后标线杆 0.5 m 时，迅速向右转动方向盘，为下次前进做好准备，并随即停车，如图 10.12（b）所示。

（3）第二次前进起步后，可按第一次前进时的转向要领，使叉车完全进入右侧位置，并正直前进停放，如图 10.12（c）所示。

（4）第二次倒车起步后，应观察车后部与外标线杆和中心标杆，取等距离倒车。待车尾距后标杆线约 1 m 时，驾驶员应转过头来向前看，将叉车校正位置后停车，如图 10.12（d）所示。

**2）注意事项**

依照上述要领操作时，必须注意控制车速。对于内燃式叉车在进退途中不允许踏离合踏板，也不允许随意停车，更不允许打死方向，以免损坏机件。倒车时，应准确判断目标，转头要迅速及时，应兼顾好左右及前后。

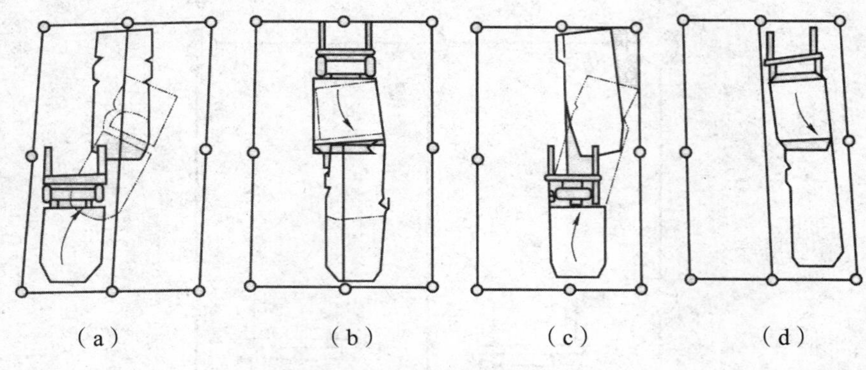


图 10.12　叉车侧方移位图

## 5. 通道驾驶

通道内驾驶训练，可将障碍杆列成模拟通道，其通道宽度实际为叉车直角拐弯时的通道宽度（建议为 2.1 m 或 2.2 m）。通道驾驶场地应设置有左、右直角拐弯和横通道，其形式不限。图 10.13 工字通道是比较常见的叉车通道驾驶训练场地。

（1）从车库出车到区一取一个空托盘放置在区三的指定位置。

（2）到区二取第二个托盘（含货物）到区三进行第二层的叠放。

（3）倒车，再将区三两个托盘和货物同时放回区一指定位置，最后将车驶回车位。

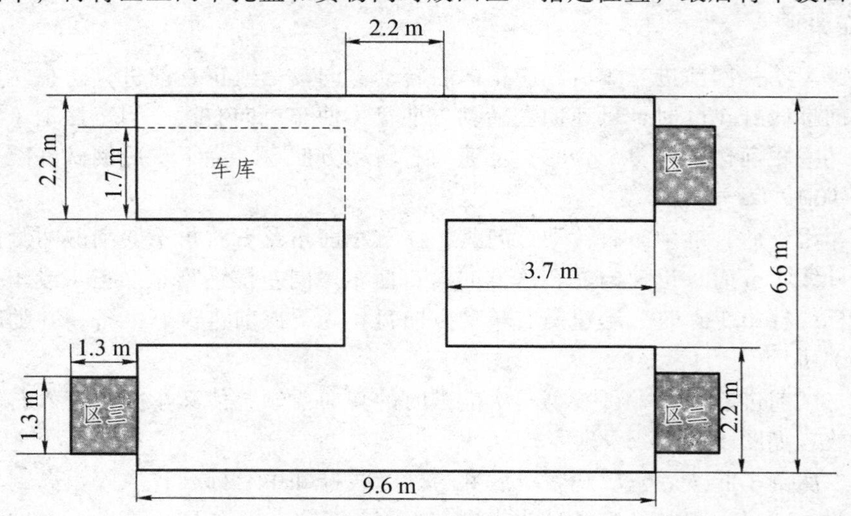


图 10.13　通道驾驶训练场地布置图

叉车在直通道内前进时，除应注意驾驶姿势外，还应使叉车在通道中央或稍偏向即将转向的一侧行驶，以便于观察和掌握方向。在通过直角拐弯处时，应先减速，并让叉车靠近内侧行驶，只需留出适当的安全距离即可；根据车速快慢、内侧距离大小，确定转向时机和转向速度，使叉车内前轮绕直角行驶。

一般来说，车速慢、内侧距离大，应早打慢转；车速快、内侧距离小，应迟打快转。无论是早打还是迟打，在内前轮中心通过直角顶端处时，转向一定要在极限位置。在拐弯过程中，要注意叉车的内侧和前外侧，尤其要注意后外轮或后侧，不要撞杆或压线；在拐过直角后，应及时回转方向进入直线行驶，回方向的时机由通道宽度和回方向的速度而定。一般来说，通道宽度小，应迟回快回；通道宽度大，应早回慢回。避免回方向不足或回方向过多，以防叉车在通道内“画龙”。

叉车在直通道内后倒时，应使叉车在通道中央行驶，并注意驾驶姿势，同时还要选择好观察目标，使叉车在通道内平稳正直后倒。在通过直角拐弯处时，应先减速，并靠通道外侧行驶，使内侧留有足够的距离；根据车速快慢、内侧距离大小，确定转向时机和转向速度，使叉车内前轮绕直角行驶。

一般来说，车速慢、内侧距离大，应早打慢转；车速快、肉侧距离小，应迟打快转。在拐弯过程中，要注意叉车前外侧、后外侧、后外轮，尤其要注意内轮差，防止内前轮及货叉其他部位撞杆或压线。在拐过直角后应及时回转方向进入直线行驶。

## 6. 场地驾驶

叉车场地综合驾驶训练是把通道驾驶、转“8”字样式驾驶和直角取货卸货结合在一起，进行综合性练习，场地设置如图 10.14 所示。

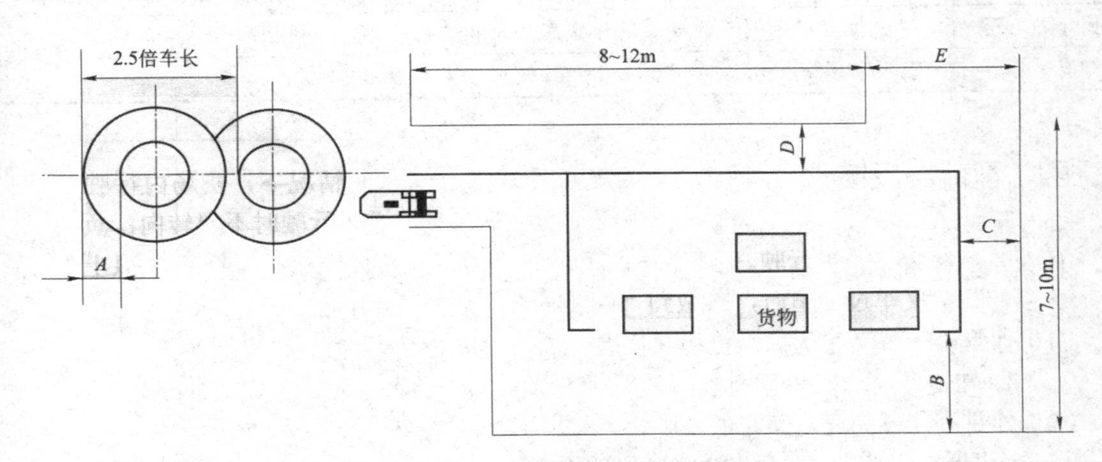


图 10.14　场地驾驶训练场地布置图

图 10.14 中，$A$ = 车宽 + 80 cm（1 t 以下电瓶叉车为车宽 + 60 cm）；$C = D = 2$ m；$B = 2.5$ m；$E = 4$ m。

### 1）操作要领

叉车从场外起步后进入通道，如图 10.14 所示位置，经右拐直角弯、左拐直角弯后，左拐直角取货，并左拐退出货位停车；然后起步前进，经两次左拐直角弯后进入窄通道，通过窄通道后绕“8”字转 1 ~ 2 圈进入通道；经右拐直角弯、左拐直角弯后，左拐直角卸货，起步后倒出货位；倒车经左拐直角弯、右拐直角弯后到达初始位置停车，整个过程完毕。

操作中，要正确运用各种驾驶操纵装置，起步、停车要平稳，中途不得随意停车或长期使用半联动，不允许发动机熄火和打死方向，叉货和卸货应按照取货 8 步法和卸货 8 步法要求进行。

2）注意事项（见表 10.1）

表 10.1　场地综合驾驶训练注意事项

| 操作要点 | 注意事项 |
| --- | --- |
| 上车起步 | 手抓车架，右手扶靠椅上车，做完准备工作后平稳起步 |
| 空车右转弯 | 要求驾驶员小心谨慎，左右兼顾，不得剐蹭 |
| 空车左转弯 | 驾驶员应提前向内侧逐步转向，避免外侧刮压 |
| 直角取货 | 先调整车身，使其保持与货物或货位垂直，然后按叉车叉取货物的 8 个动作要领操作 |
| 重车左转弯 | 驾驶员应逐渐向左转弯，避免剐碰 |
| 重车右转弯 | 驾驶员应该注意转向、回方向的时机和速度，避免剐碰 |
| 过窄通道 | 过窄通道时，车速要慢，方向要稳，少打早打，早回少回，避免剐碰 |
| 绕“8”字 | 叉车绕“8”字时，应稍微靠近内侧行驶，避免剐碰 |
| 重车右转弯 | 驾驶员应该注意转向、回方向的时机和速度，避免剐碰 |
| 重车左转弯 | 驾驶员应逐渐向左转弯，避免剐碰 |
| 直角放货 | 先调整车身，使其保持与货物或货位垂直，然后按叉车卸货的 8 个动作要领操作 |
| 倒车左转弯 | 驾驶员应牢记倒车的要领，注意左前轮和右后轮不能压线剐碰 |
| 倒车右转弯 | 驾驶员应牢记倒车的要领，注意左后轮和右前轮不能压线剐碰 |
| 停车、下车 | 驾驶员要做好必要的调整工作，再按正常姿势下车 |

## 四、评价与反馈

### 1. 自我评价与反馈

（1）你是否了解叉车的操纵机构和仪表？（　　）

A. 知道　　B. 不知道

（2）你是否能够完成对叉车的驾驶？（　　）

A. 能够　　B. 在小组协作下能够完成　　C. 不能完成

（3）完成了本学习任务后，你感觉哪些内容比较困难？

______________________________________________

______________________________________________

______________________________________________

签名：__________　__________年__________月__________日

### 2. 小组评价与反馈

（1）你们小组在接到任务之后是否分工明确？______________________________

______________________________________________。

（2）你们小组每位组员都能轮换操作吗？____________________________________________________________。

（3）遇到难题时你们分工协作吗？____________________________________________________________。

（4）对于小组其他成员有何建议？____________________________________________________________。

参与评价的同学签名：____________　________年________月________日

### 3. 教师评价及回复

________________________________________________________________________________

________________________________________________________________________________

________________________________________________________________________________

教师签名：

________年________月________日

## 五、技能考核标准

进行场地综合驾驶考试，如图 10.14 所示，评分标准如表 10.2 所示。

**表 10.2　进行场地综合驾驶考试评分表**

| 训练项目 | 分数 | 评分标准 | 得分 |
|---|---|---|---|
| 叉车起步 | 15 | 1. 按巡检要求进行检查，检查项目为门架、前后轮胎、仪表。以上检查项目少检查一项扣 1 分<br>2. 检查完毕后，学员没有坐在车上向考官举手报告就起步，扣 2 分<br>3. 没有佩戴安全帽或正确系上安全带，一次扣 5 分<br>4. 按照如下顺序进行叉车起步：打开总开关—打开钥匙开关—挂前进挡—鸣笛—松开驻车制动—上升货叉—门架后仰。以上步骤少做一步扣 2 分，顺序不正确扣 2 分<br>5. 货叉离地距离不在 200～300 mm，扣 2 分 | |
| 场地综合驾驶 | 70 | 1. 叉车撞到边线杆或轧线，一次扣 5 分<br>2. 转向时未打转向灯，一次扣 2 分<br>3. 升降货叉时没有挂空挡、踩制动踏板（驻车指示灯未亮，即视为没踩制动踏板），一次扣 5 分<br>4. 需要下车时，没有挂空挡、拉驻车制动，并将托盘放置在地面上，一次扣 5 分<br>5. 作业过程中货品掉落，掉落一箱扣 10 分<br>6. 叉车行驶时撞桩，一次扣 10 分 | |

续表 10.2

| 训练项目 | 分数 | 评分标准 | 得分 |
| --- | --- | --- | --- |
| 场地综合驾驶 | 70 | 7. 货叉碰撞托盘，一次扣 5 分<br>8. 托盘未堆叠整齐（四边超出（含）5 cm），一边扣 5 分<br>9. 货叉未完全进入托盘（小于等于 3 cm 不扣分），一次扣 5 分<br>10. 叉车行驶中出现轮胎离地，一次扣 10 分<br>11. 制动过程出现拖痕，一次扣 5 分<br>12. 方向盘打死方向，一次扣 5 分<br>13. 叉取托盘时没有按照取货八步法操作，一次扣 5 分<br>14. 卸下托盘时没有按照卸货八步法操作，一次扣 5 分<br>15. 中途随意停车或长时间使用半联动，扣 10 分 | |
| 叉车归位 | 15 | 1. 货叉未降下贴地并与地面平行，一次扣 5 分<br>2. 货叉落地重击地面，一次扣 5 分<br>3. 停车轮胎压边线，一次扣 5 分<br>4. 停车车身出边界，一次扣 5 分<br>5. 按照以下顺序进行停车：减速停车—门架回位—车轮回正—拉驻车制动—挂空挡—关闭钥匙开关—切断总电源—规范下车。以上步骤少做一步扣 2 分，顺序不正确扣 2 分<br>6. 操作超过 6 min，每超 1 s 扣 2 分 | |
| 总分 | 100 | | |

# 学习任务十一　叉车作业

## 一、学习任务描述

| 任务名称 | 叉车作业 | 任务编号 | 11 | 课时 | 20 |
|---|---|---|---|---|---|
| 学习目标 | 1. 掌握叉车的驾驶安全注意事项<br>2. 掌握叉车作业的操作程序<br>3. 能熟练完成叉车的叉取、卸货和拆码垛 | | | | |
| 考评方式 | 按本技能考核标准进行考核 | | | | |
| 教学组织方式 | 1. 理论准备<br>2. 实践操作<br>3. 评价与反馈<br>4. 技能考核 | | | | |
| 情境问题 | 在一间仓库内，使用叉车叉取货物、卸载货物并途中行驶 | | | | |

## 二、理论准备

在叉车的使用中，安全是第一位的。安全注意事项如表 11.1 所示。

**表 11.1　叉车驾驶的安全注意事项**

| | |
|---|---|
| 叉车操作证 | 安全帽（戴安全帽）<br>工作服（手脚周围衣物要贴身）<br>安全鞋 |
| 1. 持有操作证者方可操作 | 2. 穿着注意安全 |
| | |
| 3. 设计正确的工作流程非常重要 | 4. 注意定期保养叉车 |

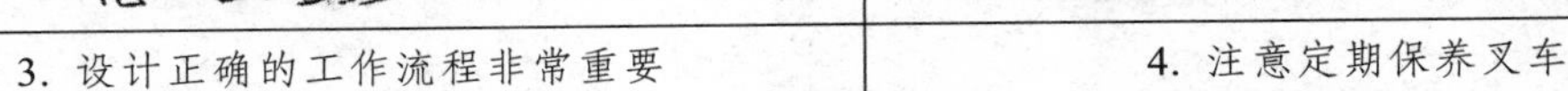

续表 11.1

| | |
|---|---|
|  |  |
| 5. 危险！不要用手扶持货物 | 6. 注意在转弯盲角处放慢速度 |
|  | 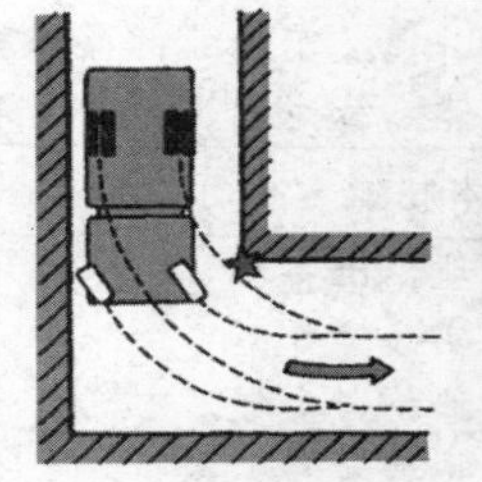 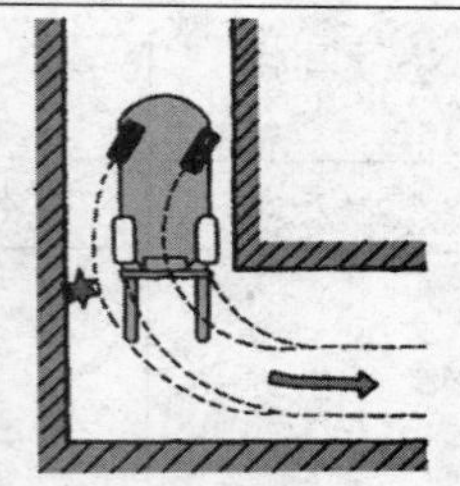 |
| 7. 开车前要注意 | 8. 注意，叉车后轮转向 |
|  | 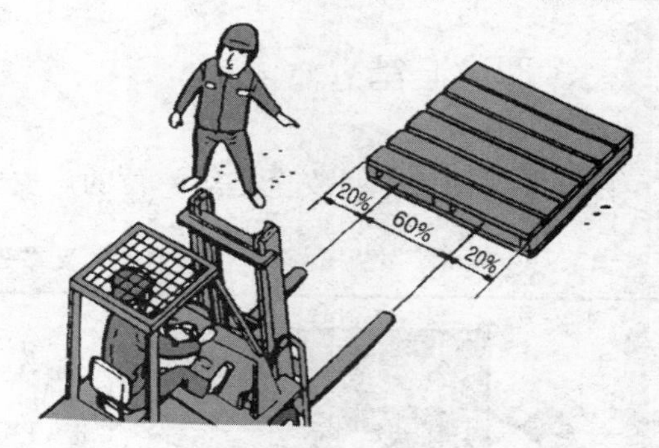 |
| 9. 在黑暗处操作时打开操作灯 | 10. 调节货叉宽度适应托盘的定位 |
|  |  |
| 11. 注意高度限制 | 12. 遵守速度限制规定 |

续表 11.1

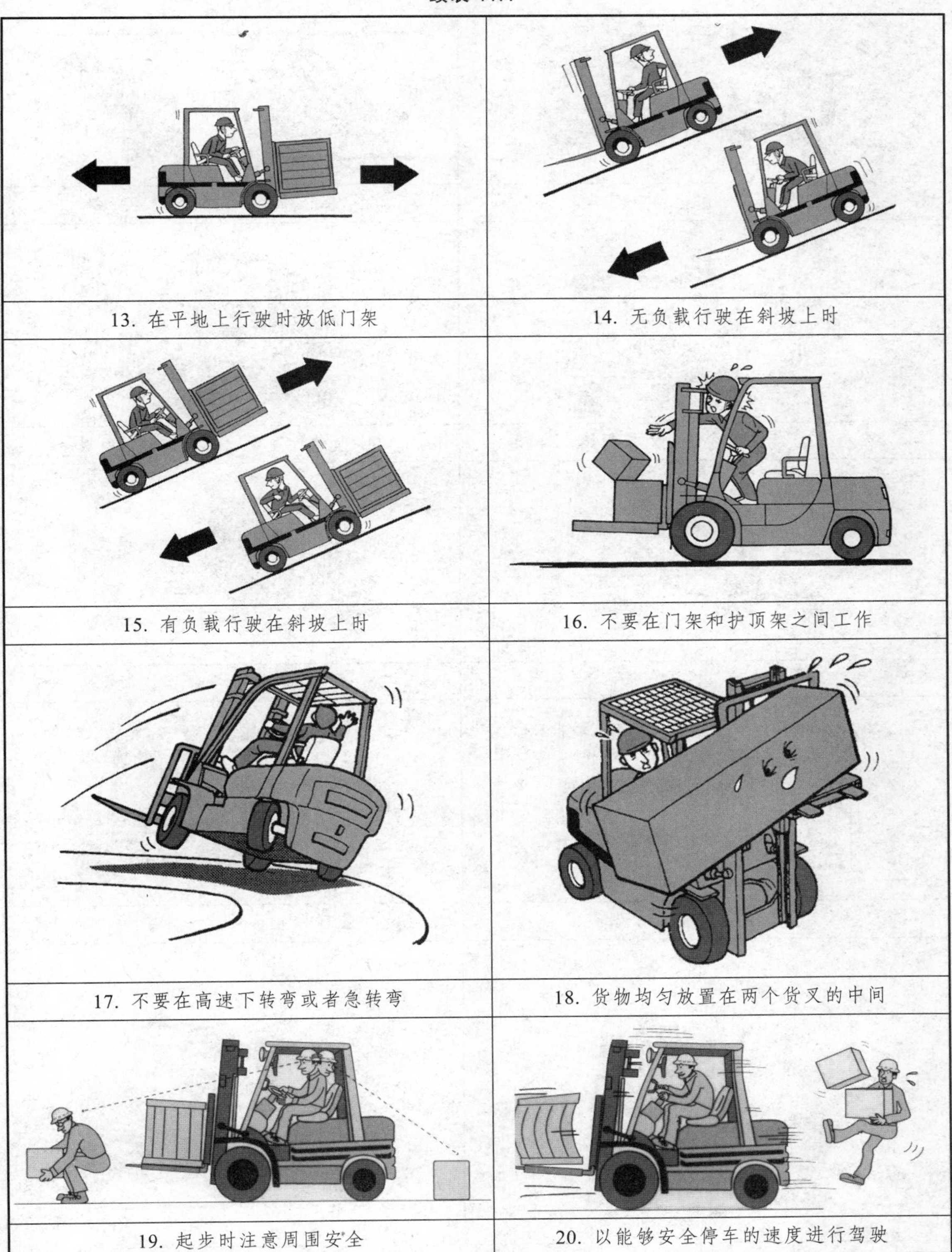

| | |
|---|---|
| 13. 在平地上行驶时放低门架 | 14. 无负载行驶在斜坡上时 |
| 15. 有负载行驶在斜坡上时 | 16. 不要在门架和护顶架之间工作 |
| 17. 不要在高速下转弯或者急转弯 | 18. 货物均匀放置在两个货叉的中间 |
| 19. 起步时注意周围安全 | 20. 以能够安全停车的速度进行驾驶 |

续表 11.1

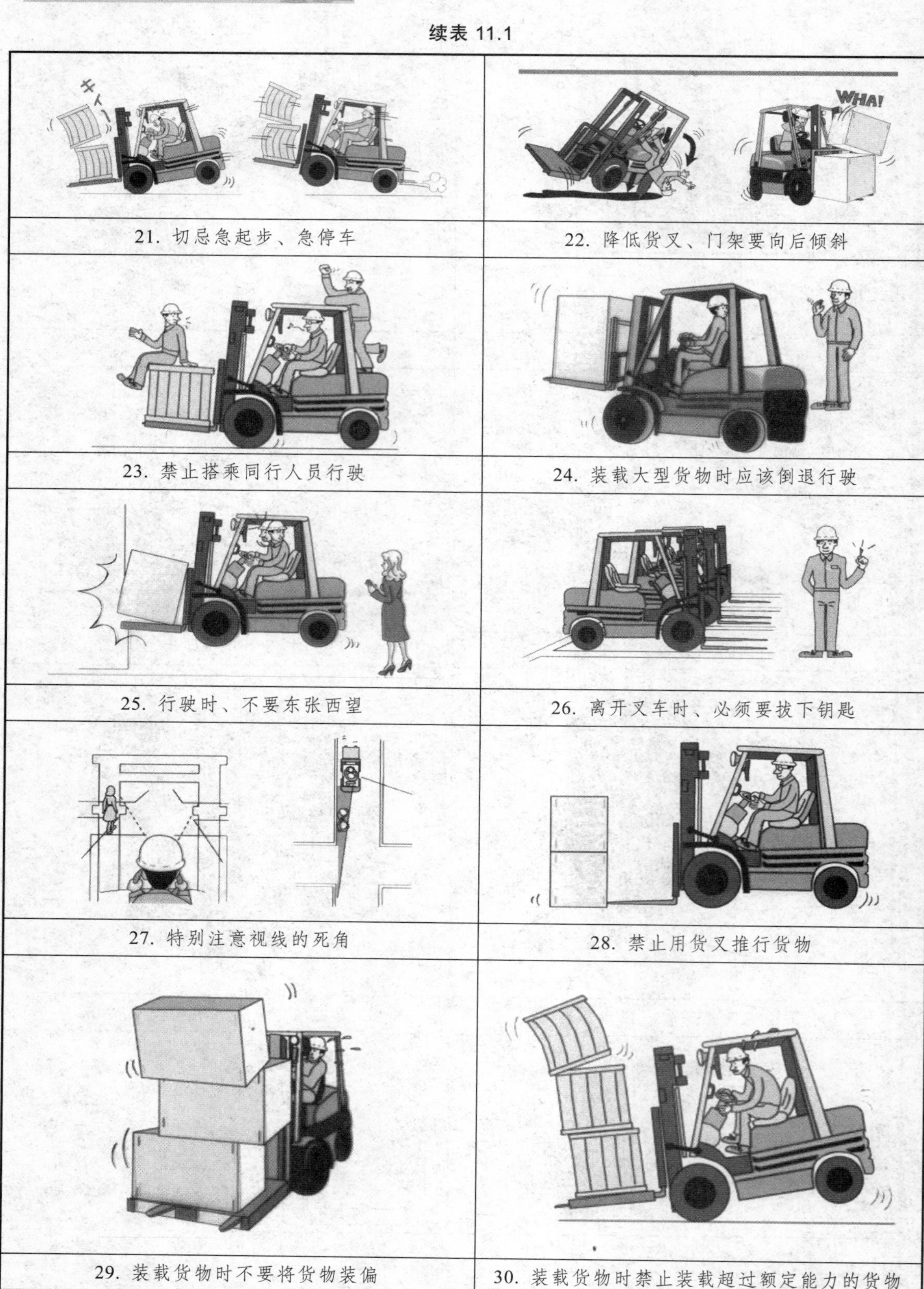


21. 切忌急起步、急停车

22. 降低货叉、门架要向后倾斜

23. 禁止搭乘同行人员行驶

24. 装载大型货物时应该倒退行驶

25. 行驶时、不要东张西望

26. 离开叉车时、必须要拔下钥匙

27. 特别注意视线的死角

28. 禁止用货叉推行货物

29. 装载货物时不要将货物装偏

30. 装载货物时禁止装载超过额定能力的货物

续表 11.1

31. 货叉提升在高位时禁止前后倾斜门架

32. 装载货物时，装载高度禁止超过挡货架的高度

33. 禁止进入到提升的货叉下

34. 禁止在货叉上载人

35. 禁止将货叉提升停放车辆

36. 进叉时要注意里面的托盘

37. 要注意货物的背后

## 三、实践操作

### 1. 叉车叉取作业（见表 11.2）

表 11.2　叉车叉取作业

| 步骤 | 操　作 | 图　示 | 得分 |
|---|---|---|---|
| 1. 驶进货垛 | 叉车起步后，操纵叉车行驶至货垛前面，进入作业位置 |  | |
| 2. 垂直门架 | 操纵门架倾斜操纵杆，使门架处于垂直位置 | 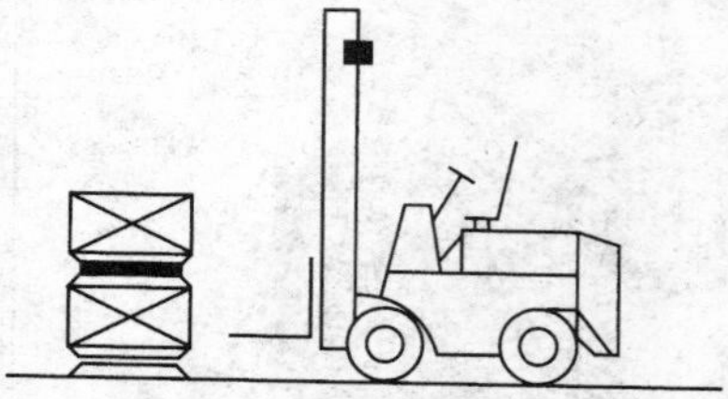 | |
| 3. 调整叉高 | 操纵货叉升降操纵杆，调整货叉高度，使货叉与货物底部空隙同高 | 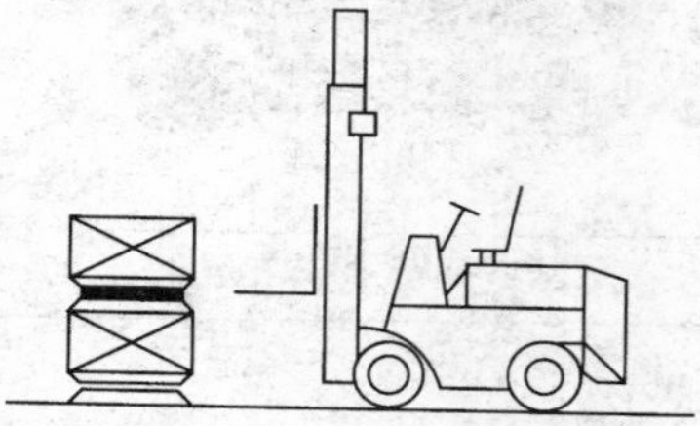 | |
| 4. 进叉取货 | 操纵货叉缓慢向前，使货叉完全进入货物底下 | 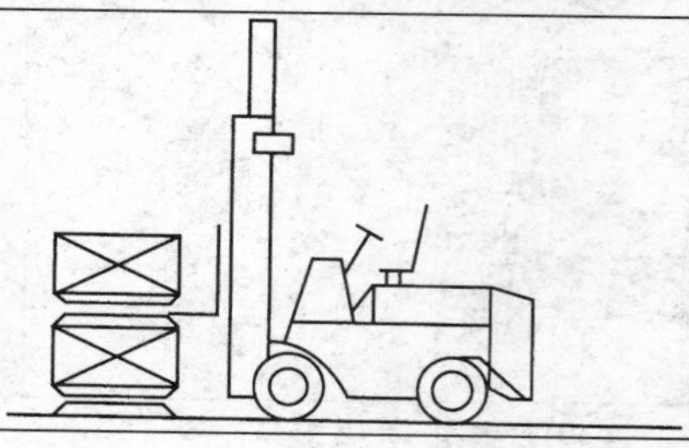 | |
| 5. 微提货叉 | 操纵货叉升降操纵杆，使货物向上起升离开货垛 | 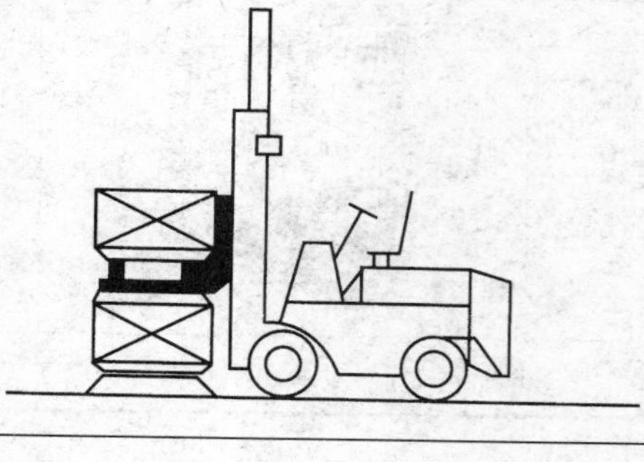 | |

续表 11.2

| 步骤 | 操　作 | 图　示 | 得分 |
|---|---|---|---|
| 6. 后倾门架 | 操纵门架倾斜操纵杆，使门架后倾，防止叉车在行驶中散落货物 | | |
| 7. 驶离货垛 | 操纵叉车倒车，离开货垛 | | |
| 8. 调整叉高 | 操纵货叉升降操纵杆，调整货叉高度，使其离地面一定高度(一般为 200～300 mm) | | |

（1）通过操纵杆操纵门架动作或调整叉高，要求动作连续，一次到位成功；不允许反复多次调整，以提高作业效率。

（2）进叉取货过程中，可以通过离合器（或空挡）控制进叉速度（但不能停车），避免碰撞货垛。取货要到位，即货物一侧应贴上叉架（或货叉垂直段），同时方向要正，不能偏斜，以防止货物散落。

（3）进叉取货时，叉高要适当，禁止刮碰货物。

（4）叉货行驶时，门架一般应在后倾位置。在叉取某些特殊货物，门架后倾反而不利时，也应使门架处于垂直位置。任何情况下，都禁止重载叉车在门架前倾状态下行驶。

## 2. 叉车卸货作业（见表 11.3）

表 11.3　叉车卸货作业

| 步骤 | 操　作 | 图　示 | 得分 |
|---|---|---|---|
| 1. 驶近货位 | 叉车叉取货物后，行驶到卸货位置，准备卸货 | | |

续表 11.3

| 步骤 | 操　作 | 图　示 | 得分 |
| --- | --- | --- | --- |
| 2. 调整叉高 | 操纵货叉升降操纵杆，使货叉起升（或下降），超过货垛（或货位）高度 |  | |
| 3. 进车队位 | 操纵叉车继续向前，使货物位于货垛（或货位）的上方，并与之对正 |  | |
| 4. 垂直门架 | 操纵门架操纵杆，使门架向前处于垂直位置 | 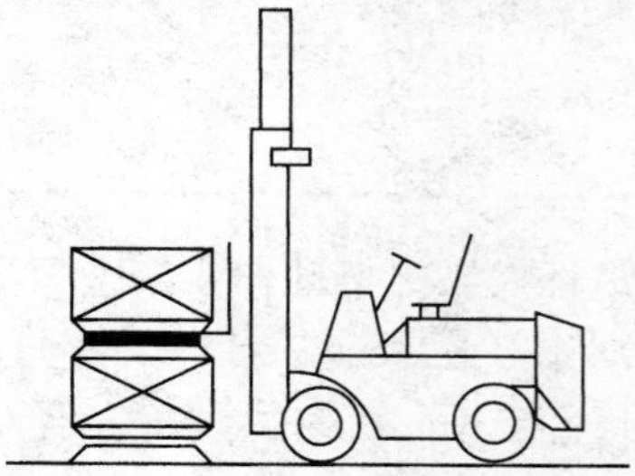 | |
| 5. 落叉卸货 | 操纵货叉升降操纵杆，使货叉慢慢下降，将所叉货物放于货垛（或货位）上，并使货叉离开货物底部 | 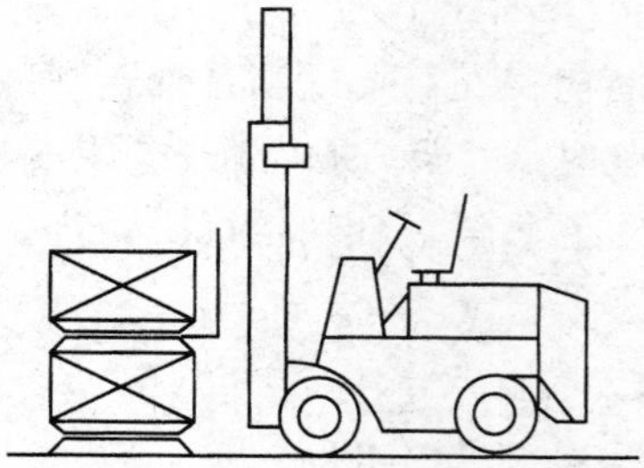 | |
| 6. 退车抽叉 | 叉车起步后退，慢慢离开货垛 | 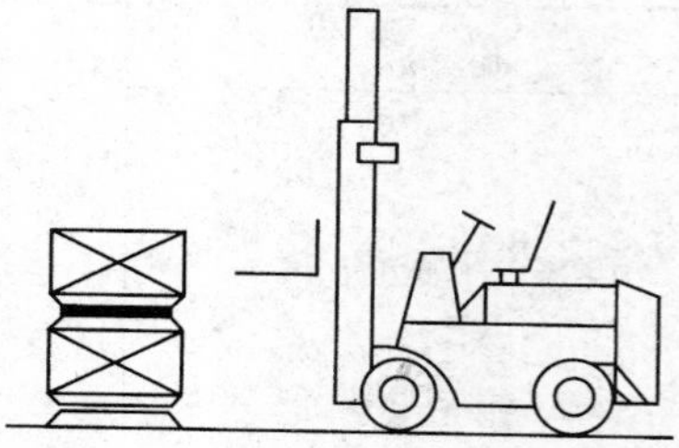 | |

续表 11.3

| 步骤 | 操　作 | 图　示 | 得分 |
|---|---|---|---|
| 7. 后倾门架 | 操纵门架向后倾斜 | | |
| 8. 调整叉高 | 操纵货叉起升或下降至正常高度，驶离货堆 | | |

（1）通过操纵杆操纵门架动作或调整叉高，动作要柔和，速度要慢，以防止货物散落；同时动作要连续，一次到位成功，不允许反复多次调整，以提高作业效率。

（2）对准货位时速度要慢（可用半联动控制），但不能停车。禁止打死方向，左、右位置不偏不斜。前后不能完全对齐，要留出适当距离，以防垂直门架时货叉前移而不能对正货堆。

（3）垂直门架一定要在对准货位以后进行，保证叉车在门架后倾状态下移动。

（4）落叉卸货后抽出货叉，货叉高度要适当，禁止拖拉、刮碰货物。

### 3. 叉车拆码垛作业

叉车拆码垛作业是指叉取货物和卸下货物，有时还与短途运输相结合，同时还要求堆码整齐。该作业要求的标准更高，难度更大，是叉车驾驶员综合操作技能的反映。码垛，这是一个看似简单，其实技术含量较高的任务。学生所要做的是把一个个特殊的托盘（一个大托盘，四角有四个直立的钢管）给叠加起来。该任务实行累叠制。

#### 1）操作要求

（1）叉车的起步、换挡、离合器、加速踏板的使用等要符合有关规定。

（2）叉车拆码垛动作要按取货和卸货程序进行。当动作熟练后，有些动作可以连续进行，而不必停车。

（3）在近距离范围内连续作业时，放货后的最后两个动作（即后倾门架和调整叉高），可视具体情况决定去留。

（4）叉车在取货后倒出货位或卸货前对准货位，货叉稍抬起，不能顶撞、拖拉货物，要防止刮碰两侧货垛。

（5）每次堆码的货物上下、各面均要对齐，相差不能超过 50 mm。码放完毕，叉车停在起止线处，且要按规定停放。

**2）操作注意事项**

（1）叉车作业，不论是装货还是卸货，都必须重复完成叉货、卸货两个基本程序动作。

（2）一定要由慢到快，循序渐进，养成良好的操作习惯。

（3）要特别注意行驶速度与操纵动作的协调、操作动作与制动动作的配合。

（4）严禁超载，同时要控制起升和下降速度。

### 4. 叉车在特殊环境下的作业

**1）光线不足环境下的作业**

（1）光线不足环境下的作业特点。

① 微光照射范围和能见度有限，驾驶员视线受到约束，加之叉车晃动，货物尺寸大小不一、质量不同，使得看清道路、场地和货物情况比较困难，甚至会造成错觉。

② 光线不足时，驾驶员的视力下降，精神高度紧张，极易疲劳或出现判断及操作失误。

③ 光线不足时作业，驾驶员的观察能力和分辨能力降低，容易出现差错，损坏机件和货物，甚至发生事故。

（2）作业前的准备。

① 作业前，要注意适当休息，以保持精力充沛。

② 应尽可能了解作业场地和货物情况，做到心中有数。

③ 认真检查叉车状况，尤其是照明设备、安全设备和操纵装置。

④ 分类存放物资，建立夜间识别标志，采取多种方法提高作业效率。

⑤ 光线不足时，要密切协作，平时加强适应性训练。

（3）作业注意事项。

① 夜间长时间作业，如有昏迷瞌睡的预感，应立即停车进行短暂休息，或下车做些活动以振作精神，切忌勉强行驶和作业。

② 作业时期，要随时注意观察发动机冷却液温度表、电流表、液压表、油温表等仪表如发现异常，应立即停车检查并排除故障。

③ 叉装物资时，虽然有载荷曲线可供参考，但所装物资并不是都有明确重量的。因此，驾驶员一定要时时防止超载，注意听发动机的声音变化。当操纵操作手柄时，安全阀发出“嘶嘶”声响而货物不动，则意味着严重超载，应停止操作，防止发生倾翻事故。

④ 装卸作业前，要根据货物数量选定装卸场，在场地周围、货垛处设立各种标记，并确定叉车的行驶路线，做到快装、快卸、快离现场。

⑤ 装卸作业中，严禁一切人员在货叉下停留，不得在货叉上载人起升。起升货物、起步行走时应先鸣号。严禁作业中调整机件或进行保养检修工作。

⑥ 载货运行时，货叉应离地面 200 ~ 300 mm，不得紧急制动和急转弯，严禁载人行驶。

**2）低温环境下的作业**

（1）低温环境下的作业特点。

① 由于天气寒冷，叉车驾驶员工作中操作不便、容易简化作业程序，并且穿戴较多，上下车容易造成磕碰。

② 严寒季节风大、雾多、下雪结冰，影响驾驶员视觉。并且由于路面冰冻积雪，附着力降低，车轮容易发生侧滑和打滑现象。特别是制动停车距离较长，给驾驶员的安全操作带来困难。

③ 低温条件下，叉车经济性明显下降，燃料消耗增加。

④ 在低温条件下，叉车上的金属、橡胶制品等材料都有变脆的倾向，机件和轮胎等容易损坏。

⑤ 低温条件下，气温较低，油脂黏度较大，燃油汽化性能较差，发动机启动困难。特别是露天存放以及在车库采暖较差的条件下存放的叉车，驱动桥、变速器以及发动机内的润滑油脂黏度很大，因而增加了运行阻力，降低了工作效率。

（2）作业注意事项。

① 进入防寒期前，提前做好叉车换季保养工作，发动机及底盘各有关部位采用寒区润滑油，运行初期要缓慢加速。

② 叉车运行中，应采取各种措施保持发动机的正常工作温度。

③ 露天存放的叉车，应放净冷却液或加注防冻液，以免冻裂发动机。

④ 经常清洗汽油箱、汽油滤清器、化油器、液压油箱等，防止有水结冰。

⑤ 叉车行驶时禁止急转弯、紧急制动。冰雪天气在坡道上行驶或场地作业时，要采取铺垫炉灰、草片等防滑措施。

⑥ 冷机起动时，由于机油黏度大，流动性差，各运动零件之间润滑油膜不足，起动后会产生半液体摩擦甚至干摩擦。同时由于气温低，汽油不能充分燃烧，冲淡气缸壁上的润滑油，使润滑油的润滑效能降低，加剧发动机机件的磨损，缩短发动机的使用寿命。所以，在严寒季节采暖条件不良的情况下应进行预热，且一般采用加注热水的方法，以提高叉车发动机的温度。

### 3）高温、高湿环境下的作业

（1）高温、高湿环境下的作业特点。

气温较高、天气炎热会给驾驶员的安全作业带来很大的影响。

① 高温下发动机散热性能变差，温度易过高，使其动力性、经济性变坏。

② 容易产生水箱“开锅”、燃料供给系统气阻、蓄电池“亏液”、液压制动因皮碗膨胀变形而失灵、轮胎的气压随着外界气温升高而发生爆破等现象。

③ 高温、高湿条件下，叉车各部位的润滑油容易变稀，润滑性能下降，造成大负荷时机件磨损加剧。

④ 由于气温较高，再加上蚊虫叮咬，驾驶员睡眠受到影响，因而工作中容易出现精神疲倦及中暑现象，不利于作业安全。

⑤ 雷雨天气较多，因路面、装卸场地有水，附着力降低，容易侧滑，影响叉车、人员、货物安全。

（2）作业注意事项。

① 进入防暑期前，提前做好准备，放出发动机、驱动桥、变速器、转向机等处的冬季润滑油脂，清洗后按规定加注夏季润滑油脂。

② 清洗水道，清除冷却系统中的水垢，疏通散热器的散热片。经常检查风扇传动带的松紧度。

③ 适当调整发动机调节器，减小发电机的充电电流。

④ 调整蓄电池电解液密度，并疏通蓄电池盖上的通气孔，保持电解液高出隔板 10 ~ 15 mm，视情况加注蒸馏水。

⑤ 要经常检查轮胎的温度和气压，必要时应停于阴凉处，待胎温降低后再继续作业，不得采用放气或浇冷水的办法降压降温，以免降低轮胎使用寿命。

⑥ 要经常检查制动效能，以防止因制动总泵或分泵皮碗老化、膨胀变形和制动液汽化造成制动失灵的故障。

⑦ 作业前要保证充分睡眠，保持精力充沛。如作业中感到精神倦怠、昏沉、反应迟钝等，应立即停车休息，或用冷水擦脸振作精神，以确保行车、作业安全。

⑧ 作业中注意防止发动机过热，随时注意冷却液温度表的指示读数，如果冷却液温度过高，要采取降温措施。要保持冷却液的数量，添加时要注意防止冷却液沸腾造成烫伤。

⑨ 做好防暑降温工作，防止中暑。

**4）高原环境下的作业**

（1）高原环境下的作业特点。

我国高原地区主要指西北高原和西南高原，海拔多在 2 000 ~ 4 000 m 以上，大气压低，气温变化大，风雪多。尤其是大气压低最为突出，对叉车使用性能的影响也最大。

① 海拔高、气压低，空气密度小，使发动机进气量不足，功率下降，动力性和经济性变差。

② 海拔高、气压低，水的沸点也低。叉车长时间工作，容易出现冷却液沸腾、发动机温度升高现象，影响叉车的使用。

③ 海拔高、气压低，使轮胎气压相对变高，容易爆裂损坏。

④ 液压制动的内燃叉车，在高原使用醇型制动液，制动管路常发生气阻现象，致使制动失灵，易发生事故。

⑤ 海拔高、空气稀薄缺氧，驾驶员易产生高原反应，出现乏力、眩晕、头痛、恶心等症状；气候多变、温差大，容易引起冻伤、感冒等疾病，对安全行车和作业带来不利影响。

（2）改善使用性能应采取的措施。

① 改善发动机动力性和经济性，通常采用的方法是调整点火正时。将分电器点火提前角适当提前，一般比平原地区提前 2° ~ 3°。

② 加强水冷却系统的密封，使冷却液的沸点提高，避免过早溢出。

③ 在高原行驶、作业的叉车，适当调低轮胎气压。

④ 矿物油型制动液具有制动压力传递快、制动效果好、不易挥发变稠等特点，适合高原叉车使用，但使用矿物油型制动液必须同时更换耐矿物油的橡胶皮碗。

（3）作业注意事项

① 由于海拔高、空气稀薄，气候冷热变化大，人员要注意休息，夏季注意防晒，冬季注意保温。

② 高原的冬季特别寒冷，一定要做好保温与防冻工作。

③ 叉车行驶、作业时，要注意观察发动机温度，避免发动机温度过高或过低。

④ 尽量减少户外作业时间，必须工作时要缩短时间、提高效率。

## 5. 多层作业训练

叉车多层作业训练场地布置如图 11.1 所示。

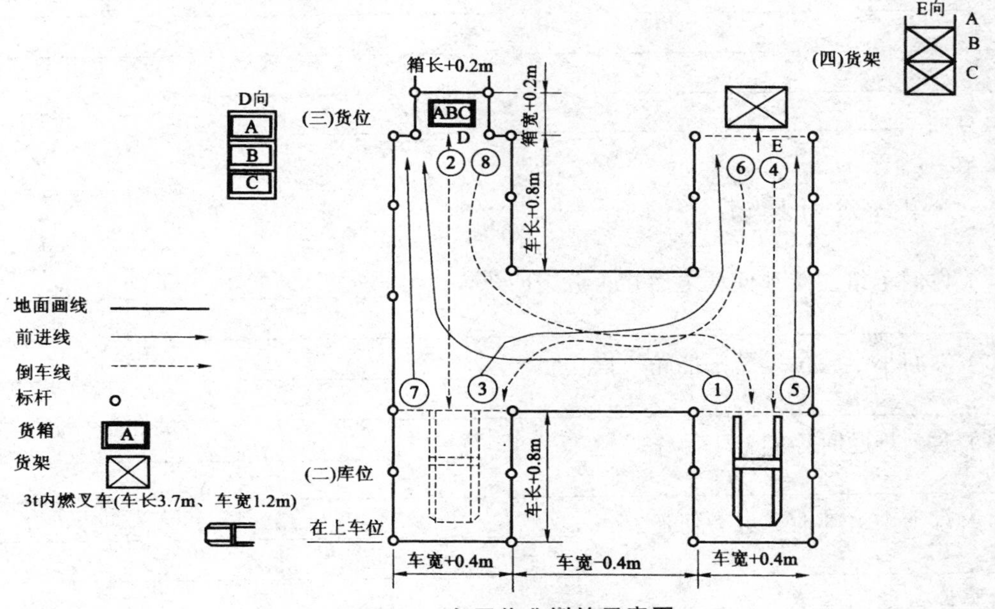


图 11.1　多层作业训练示意图

**1）按操作程序进行操作**

按①—②—③—④将（三）货位 A 货箱拆垛移至（四）货位 B 位，重复路线（三）货位 B 货箱拆垛移至（四）货架 A 位，然后分别按⑤—⑥—⑦—⑧将（四）货架起运至（三）货位堆垛。

**2）操作要求及注意事项**

（1）按规定程序规范驾驶和操纵工作装置。
（2）准确叉取货箱，平稳启运货箱。
（3）准确定位和安全卸放货箱。
（4）按规定线路完成多层作业操作。
（5）多层作业操作符合安全第一原则。

# 四、评价与反馈

## 1. 自我评价与反馈

（1）你是否知道叉车操作的安全注意事项？（　）
　　A. 知道　　　B. 不知道

（2）你是否能够完成叉车取货的操作？（　　）

A. 能够　　B. 在小组协作下能够完成　　C. 不能完成

（3）完成了本学习任务后，你感觉哪些内容比较困难？

______________________________

______________________________

______________________________

签名：__________　________年________月________日

2. 小组评价与反馈

（1）你们小组在接到任务之后是否分工明确？______________________________。

（2）你们小组每位组员都能轮换操作吗？______________________________。

（3）遇到难题时你们分工协作吗？______________________________。

（4）对于小组其他成员有何建议？______________________________。

参与评价的同学签名：__________　________年________月________日

3. 教师评价及回复

______________________________

______________________________

______________________________

教师签名：

________年________月________日

## 五、技能考核标准

按图 11.1 进行多层作业训练的考核，考核标准如表 11.4 所示。

表 11.4　多层作业训练的考核标准

| 序号 | 评价项目 | 分数 | 评分标准 | 得分 |
|---|---|---|---|---|
| 1 | 规范上车 | 1 | 左手扶安全把手，右手扶座椅，左脚蹬踏，正确系上安全带和佩戴安全帽，以上步骤少做一步扣 0.2 分 | |
| 2 | 规范起步 | 1 | 闭合方向开关，鸣笛，松开驻车制动，门架后仰，以上步骤少做一步或者操作顺序错误一次扣 0.2 分 | |

续表 11.4

| 序号 | 评价项目 | 分数 | 评分标准 | 得分 |
| --- | --- | --- | --- | --- |
| 3 | 规范停车、下车 | 1 | 门架回正，货叉落地，操作手柄回位（置于空挡），电锁回位，驻车制动拉紧，总闸关闭，规范下车，以上步骤少做一步或者操作顺序错误一次扣 0.2 分 | |
| 4 | 货叉离地距离（叉车行驶时） | 1 | 叉车在行驶时，货叉离地距离不在 200～300 mm 之间，按发生次数计，发生一次扣 0.2 分 | |
| 5 | 紧急制动 | 5 | 除紧急情况外，使用紧急制动 | |
| 6 | 叉车撞到边线杆 | 3 | 叉车撞到边线杆，一次扣 0.5 分 | |
| 7 | 叉车与其他设备设施发生剐蹭或碰撞 | 5 | 叉车与其他设备设施发生剐蹭或碰撞，包括托盘、货物线边杆、货架等，一次扣 0.5 分 | |
| 8 | 规范叉取货物 | 8 | 未按取货八步（驶进货位、垂直门架、调整叉高、进叉取货、微提货叉、后倾门架、驶离货位、调整叉高）要求进行叉取货物，扣 8 分 | |
| 9 | 规范卸载货物 | 8 | 未按卸载八步（驶进货位、垂直门架、调整叉高、进叉取货、微提货叉、后倾门架、驶离货位、调整叉高）要求进行卸载货物，扣 8 分 | |
| 10 | 轮胎离地 | 10 | 前进中紧急制动，轮胎离地，弯道行驶，轮胎离地，扣 10 分 | |
| 11 | 起步前规范巡检 | 1 | 没有按绕车巡检要求精细检查，检查项目为门架、仪表、前后轮胎（学员遗漏项目或没有把检查项目向考官报告，一次扣 0.2 分 | |
| 12 | 起步前报告 | 1 | 检查完毕后，学员没有坐在车上向考官举手报告就起步，按发生次数计算，一次扣 0.2 分 | |
| 13 | 叉车停在指定区域内 | 1 | 入库停车时，叉车超出定位线，按发生次数计数，一次扣 0.2 分 | |
| 14 | 入库停车后报告 | 1 | 规范下车，举手报告操作完毕，按发生次数计数，一次扣 0.2 分 | |
| 15 | 叉取货物 | 5 | 叉取货物未能一次成功，按调整次数计数，一次扣 0.5 分 | |
| 16 | 货物有无掉落 | 8 | 货物掉落，按货物掉落的箱数计数，每一箱扣 1 分 | |
| 17 | 叉车碰桩（桩杆未倒） | 3 | 叉车碰桩，但没有发生倒桩，按发生次数计数，一次扣 0.3 分 | |
| 18 | 叉车碰桩（桩杆撞倒） | 5 | 叉车碰桩，发生倒桩，按发生次数计数，一次扣 0.5 分 | |
| 19 | 倒桩后停车处理 | 5 | 倒桩后没有停车处理，按发生次数计数，一次扣 0.2 分 | |
| 20 | 托盘按要求入货位 | 4 | 前后和左右超出规定的位置，按发生次数计数，前后和左右分两次计数，一次扣 0.2 分 | |
| 21 | 出入货位调整次数 | 1 | 出入货位调整次数，按发生次数计数，一次扣 0.1 分 | |

续表 11.4

| 序号 | 评价项目 | 分数 | 评分标准 | 得分 |
| --- | --- | --- | --- | --- |
| 22 | 入库货位准确 | 3 | 入库货位不是为 A2,或者未完成本阶段作业,按发生次数计数,一次扣 0.2 分 | |
| 23 | 移库货位准确 | 4 | 移库货位不是从 D3 到 B2，或者未完成本阶段作业，按发生次数计数，一次扣 0.5 分 | |
| 24 | 钢管有无掉落 | 5 | 钢管发生掉落的次数，行车过程中，发生钢管掉落不计个数，按发生次数计数，一次扣 0.5 分 | |
| 25 | 已堆满托盘上的钢管有无掉落 | 5 | 托盘未倒跺时，已堆码托盘上的钢管掉落的个数，按钢管掉落的个数计数，一个扣 0.1 分 | |
| 26 | 货叉是否直接从还没码垛的托盘上越过 | 5 | 货叉直接从还没有码垛的托盘上越过，按越过的未码垛的托盘数计数，一个扣 0.2 分 | |
| 总分 | | 100 | | |

# 学习任务十二　带式输送机的使用与维护

## 一、学习任务描述

| 任务名称 | 带式输送机的使用与维护 | 任务编号 | 12 | 课时 | 6 |
|---|---|---|---|---|---|
| 学习目标 | 1. 了解带式输送机的分类<br>2. 带式输送机的布置形式<br>3. 带式输送机的组成<br>4. 带式输送机的安装顺序<br>5. 使用带式输送机的注意事项<br>6. 带式输送机的日常维护 | | | | |
| 考评方式 | 按技能考核标准进行考核 | | | | |
| 教学组织方式 | 1. 理论准备<br>2. 实践操作<br>3. 评价与反馈<br>4. 技能考核 | | | | |
| 情境问题 | 对一辆带式输送机进行日常维护 | | | | |

## 二、理论准备

带式输送机是以胶带兼作牵引机构和承载机构的一种运输设备，是连续运输机中的效率最高、使用最普遍的一种机械。根据摩擦传动原理，由传动滚筒带动输送带，将物料输送到所需的地方。具有输送能力大、功耗小、结构简单、对物料适应性强的特点。广泛应用于冶金、矿山、煤炭、环保、建材、电力、化工、轻工、粮食等行业。

### 1. 带式输送机的分类

按皮带种类的不同，带式输送机可分为普通带式输送机、钢丝绳芯带式输送机和高倾角花纹带式输送机。

按驱动方式及皮带支承方式的不同，又可分为普通带式输送机、气垫带式输送机和钢丝绳牵引带式输送机。

按托辊槽角的不同，可分为普通槽角带式输送机和深槽形带式输送机。

按支撑装置结构形式的不同，可分为托辊支撑式输送机、平板支撑式输送机和气垫支撑式输送机。如表 12.1 所示。

**表 12.1　按支撑装置的结构形式分类**

| | |
|---|---|
| 普通带式输送机 | 钢丝绳芯带式输送机 |
| 高倾角花纹带式输送机 | 气垫带式输送机 |

## 2. 带式输送机的布置形式

### 1）布置种类

皮带输送机可以用来在水平或倾斜方向输送物料。根据皮带输送机安装地点及空间的不同，皮带输送机的布置形式有以下 4 种。

（1）水平布置方式。皮带机的头尾部滚筒中心线处于同一水平面内，皮带机的倾角为 0°，如图 12.1 所示。

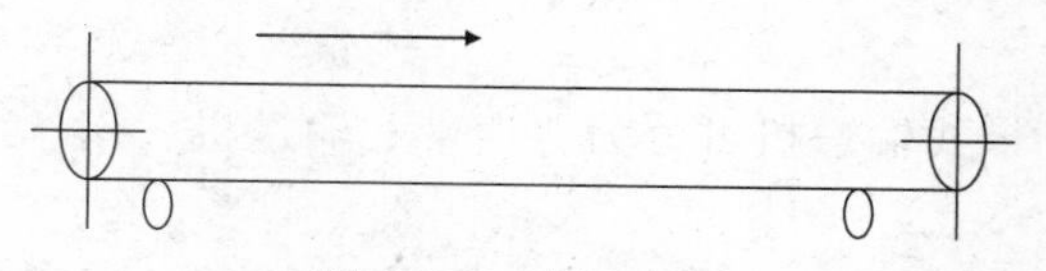

**图 12.1　水平布置**

（2）倾斜布置方式。皮带机的头尾部滚筒中心线处于同一倾角平面内，且所有上托辊或下托辊处于同一倾斜平面内，如图 12.2 所示。

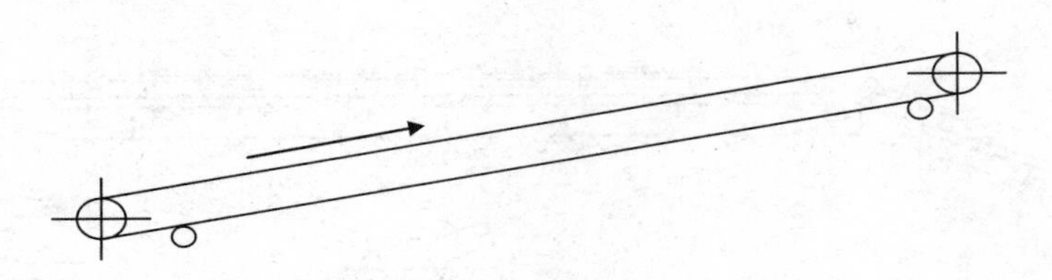

图 12.2 倾斜布置

（3） 带凸弧线段布置方式。 倾斜布置的后半段与水平布置的前半段进行组合的一种布置方式，如图 12.3 所示。

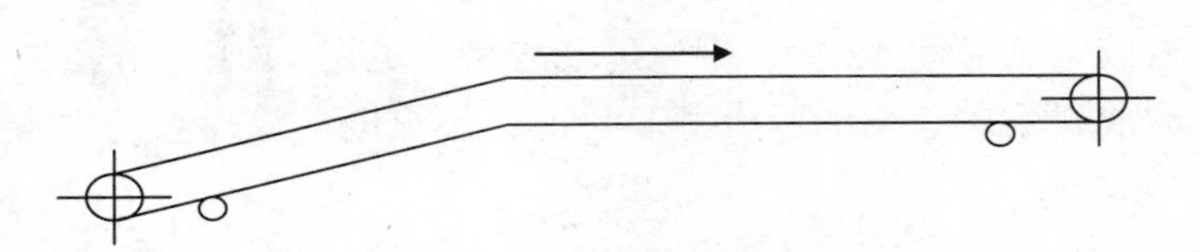

图 12.3 带凸弧线段布置

（4） 带凹弧曲线段布置方式。水平布置的后半段与倾斜布置的前半段进行组合的一种布置方式，如图 12.4 所示。

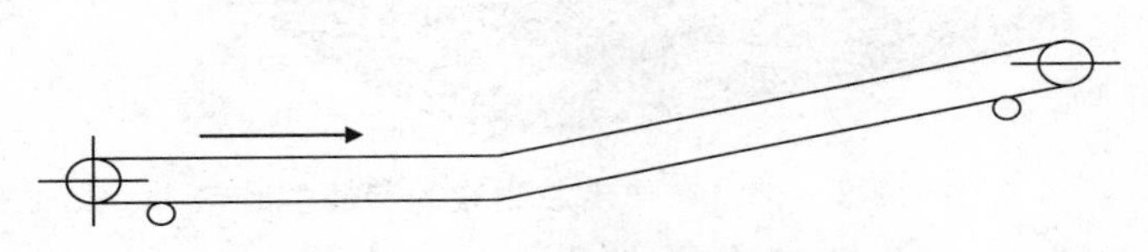

图 12.4 带凹弧曲线段布置

**2）布置原则**

皮带输送机的实际倾角取决于被输送的煤或其他物料与输送带之间的动摩擦系数、输送带的断面形状（水平或槽形）、物料的堆积角、装载方式和输送带的运动速度。

## 3. 带式输送机的组成

平带式输送机在矿井地面和井下运输中得到极其广泛的应用。普通皮带机结构如下图 12.5 所示，主要由胶带、驱动装置、制动装置、托辊及支架、拉紧装置、改向装置、清扫装置、装料装置和卸料装置、辅助安全设施等部分组成.

**1）胶带**

胶带是带式输送机的主要组成部分之一，贯穿于输送机的全长，用量较大，价格又比较昂贵。在带式输送机中，胶带既是承载构件，又是牵引构件，用来载运物料和传递牵引力。胶带是带式输送机中最重要也是最昂贵的部件，输送带的价格占输送机总投资的 25%～50%左右。

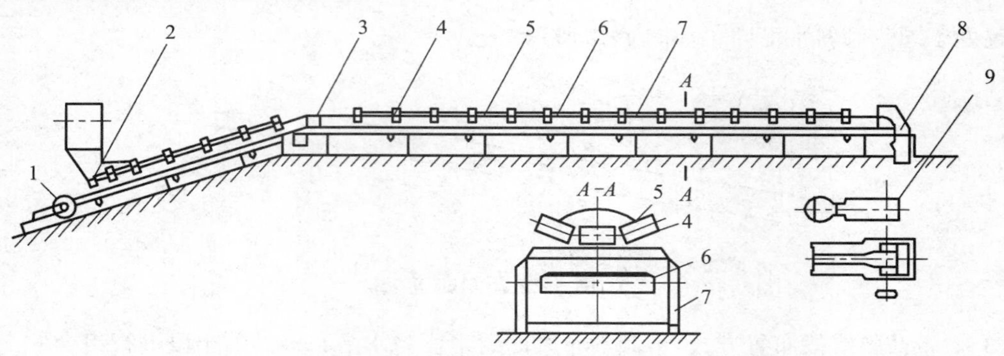


图 12.5　带式输送机的组成

1—拉紧装置；2—装载装置；3—改向滚筒；4—上托辊；5—输送带；6—下托辊；7—机架；8—清扫装置；9—驱动装置

胶带可分为普通胶带（见图 12.6）、钢丝绳芯胶带（见图 12.7）、花纹胶带（见图 12.8）、耐热和耐寒胶带及耐酸、耐碱、耐油胶带等。目前，燃煤电厂输煤系统中常用的胶带是普通胶带和钢丝绳芯胶带。

图 12.6　棉帆布作带芯制成的普通型胶带

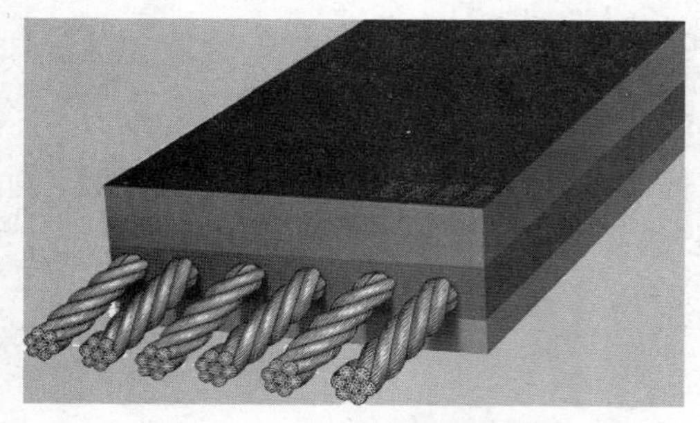

图 12.7　钢丝绳芯胶带

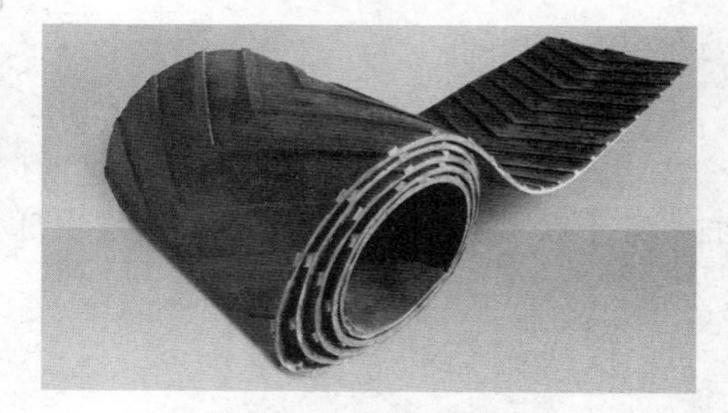

图 12.8　条状花纹胶带

### 2）托辊

托辊的作用是支撑胶带，减小胶带的运动阻力，使胶带的垂度不超过规定限度，保证胶带平稳运行。带式输送机上大量的和主要的部件是托辊，成本占输送机总成本的 25% ~ 30%，托辊总重约占整机重量的 30% ~ 40%。因此，对运行中的输送机来说，维护和更换的主要对象是托辊，它们的可靠性与寿命决定其效能及维护费用，转动不灵活的托辊将增加输送机的功率消耗，堵转的托辊不仅会磨损价格昂贵的输送带，而且严重时，可能导致输送带着火等严重事故。

尽管托辊具体结构形式众多，但结构原理是大体相同的。主要由心轴、管体、轴承座、轴承和密封装置等组成，并且大多做成定轴式。如图 12.9 所示，是托辊典型结构简图。

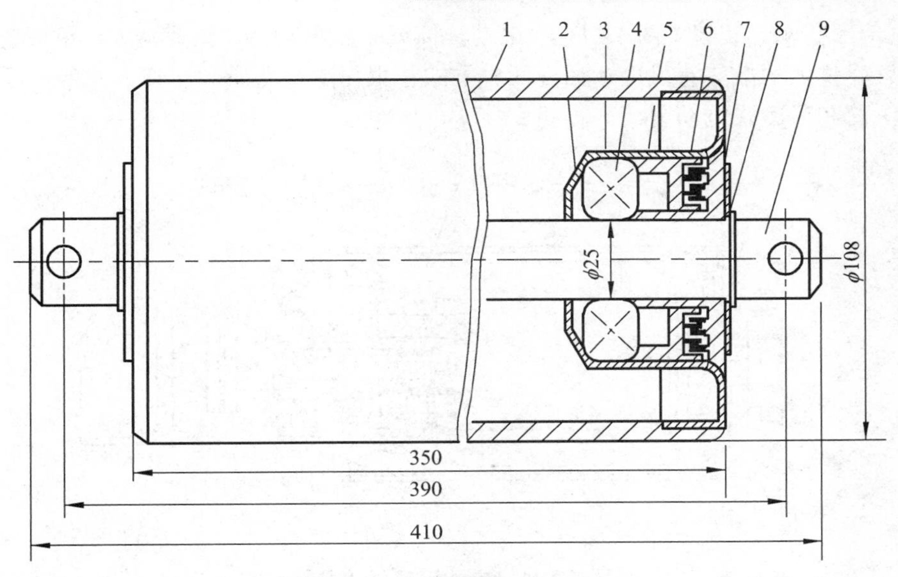


图 12.9　托辊结构简图

1—辊体；2—密封圈；3—轴；4—轴承；5—内密封圈；6—外密封圈；7—内挡圈；8—外挡圈；9—挡板

托辊按其用途可分为槽形托辊、平形托辊、缓冲托辊和自动调心托辊。

3）驱动装置

驱动装置是带式输送机动力的来源。电动机通过联轴器、减速器带动传动滚筒转动，借助滚筒与胶带之间的摩擦力使胶带运转。

（1）驱动装置的布置形式及特点。

在火力发电厂输煤系统中，单滚筒传动方式的带式输送机应用比较普及。近年来，随着电厂容量的不断增大，要求输煤设备的出力相应增加，双滚筒传动方式已显示出较大的优越性，得到了广泛的应用。采用双滚筒驱动的主要优点是可降低胶带的张力，因而可以使用普通胶带来完成较大的输送量，可减少设备费用，驱动装置各部的结构尺寸也可以相应地减少，有利于安装和维护。

（2）驱动装置的组成。

① 电动机和减速器组成的驱动装置由电动机、减速器、传动滚筒、联轴器等组成。图 12.10 所示为皮带及输送机头部。

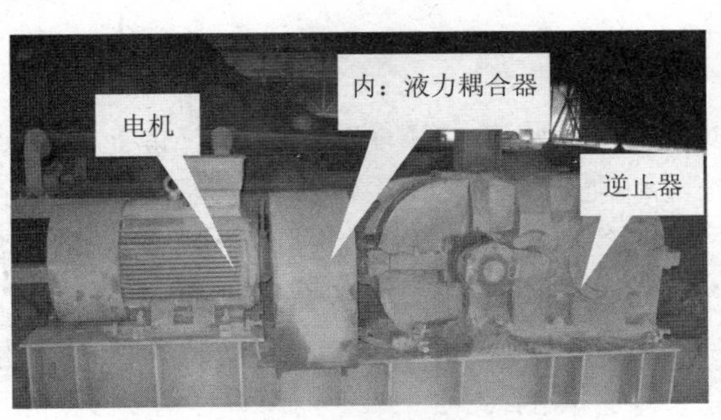


图 12.10　皮带输送机头部

② 电动滚筒驱动装置（图 12.11）。电动滚筒就是将电动机、减速器（行星减速器）都装在滚筒内，壳体内的散热有风冷和油冷两种方式，根据冷却介质和冷却方式的不同可分为油冷式电动滚筒和风冷式电动滚筒。

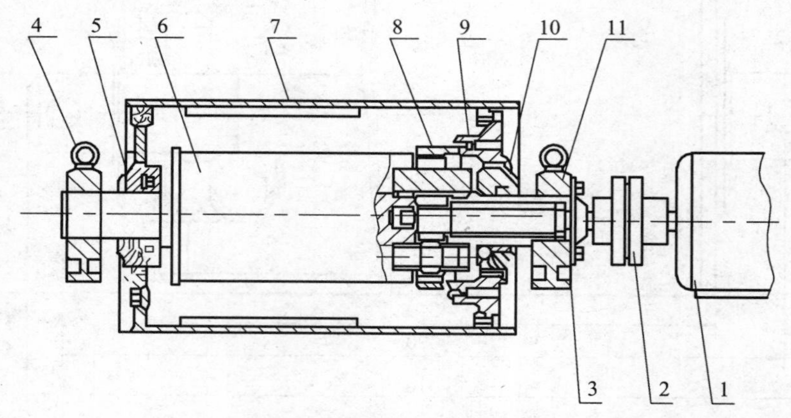


**图 12.11　电动滚筒驱动装置**

1—电机；2—联轴器或耦合器；3—小透盖；4—左支座；5—左轴承座；6—左法兰轴；7—滚筒体；8—减速器；9—右端盖；10—右轴承座；11—右支座

③ 电动机和减速滚筒组成的驱动装置。由电动机、联轴器和减速滚筒组成。所谓减速滚筒，就是把减速器装在传动滚筒内部，电动机置于传动滚筒外部。这种驱动装置有利于电动机的冷却、散热，也便于电动机的检修、维护。

**4）拉紧装置**

输送机拉紧装置的作用是保证胶带具有足够的张力，使滚筒与胶带之间产生所需要的摩擦力，并限制胶带在各支承托辊间的垂度，使带式输送机能正常运行。

带式输送机拉紧装置的结构形式很多，按工作原理不同主要分为重锤式、固定式和自动式三种。

**5）制动装置**

对于倾斜输送物料的带式输送机，为了防止有载停车时发生倒转或顺滑现象，或者对于停车特性与时间有严格要求的带式输送机，一般都要设置制动装置。制动装置按工作方式不同可分为逆止器和制动器。

**6）清扫装置**

皮带运输机在运行过程中，细小杂质往往会黏结在胶带上。黏结在胶带工作面上的小颗粒煤，通过胶带传给下托辊和改向滚筒，在滚筒上形成一层牢固的杂质层，使得滚筒的外形发生改变。胶带上的杂质撒落到回空的胶带上而黏结于张紧滚筒表面，甚至在传动滚筒上也会发生黏结。这些现象将引起胶带偏斜，影响张力分布的均匀，导致胶带跑偏和损坏。同时由于胶带沿托辊的滑动性能变差，运动阻力增大，驱动装置的能耗也相应增加，因此在皮带运输机上安装清扫装置是十分必要的。

弹簧清扫器是利用弹簧压紧刮煤板把胶带上的杂质刮下的一种装置。刮板的工作件是用胶带或工业橡胶板做的一个板条，通常与胶带等宽，用扁钢或钢板夹紧，通过弹簧压紧在胶带工作面上。

**7）其他装置**

（1）改向滚筒。改向滚筒的作用是改变胶带的缠绕方向，使胶带形成封闭的环形。改向滚筒可作为输送机的尾部滚筒，组成拉紧装置的拉紧滚筒可使胶带产生不同角度的改向。改向滚筒有用铸铁制成和钢板制成的两种。困橡胶具有弹性，可清除滚筒上的杂质，改向滚筒也有包胶和不包胶两种。

（2）装料装置。装料装置主要由杂质斗、缓冲器、溜管、导料槽组成。

（3）机架。带式输送机的机架一般是用型钢（如槽钢、角钢等）根据布置方式焊接或铆接而成。

## 三、实践操作

### 1. 带式输送机的保护

**1）拉线开关（见图 12.12）**

拉线开关一般设在带式输送机机架两侧。拉线一端拴于开关杠杆处，另一端固定于开关的有效拉动距离处。当输送机的全长任何处发生事故时，操作人员在输送机任何部位拉动拉线，均可使开关动作，切断电路使设备停运。此外，当发出起动信号后，如果现场不允许起动，也可拉动开关，制止起动。

拉线开关数量根据输送机长短而定。开关拉线必须使用钢丝绳，以免拉伸弹性变形太大。拉线操作高度，一般距地面 0.7 ~ 1.2 m。

图 12.12　拉线开关

2）防跑偏开关（见图 12.13）

防跑偏开关主要用于防止带式输送机的输送带因过量跑偏而发生事故。当输送带在运行中跑偏时，输送带推动防跑偏开关的挡辊。当挡辊偏到一定角度时开关动作，切断电源，使输送机停止运转。如果联锁运行，则该开关动作通过联锁作用使来料方向的设备电动机停止运行。

防跑偏开关安装在带式输送机的头部和尾部两侧（或双安装，以控制输送带左右跑偏），距离头轮或尾轮 1 ~ 2 m 处。对于较短的带式输送机，仅在头部或尾部安装一对即可。

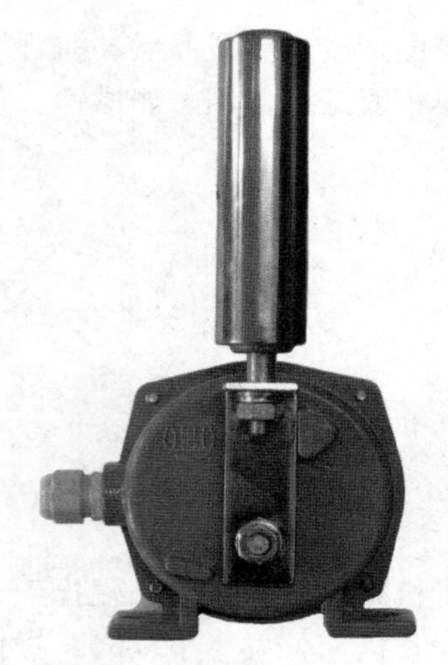

图 12.13　防跑偏开关

3）皮带打滑监测开关

皮带打滑监测开关是一个测速开关。当皮带速度降低至设计速度的 60% ~ 70%时，发出信号并切断电路。

4）皮带纵向撕裂保护开关（见图 12.14）

撕裂检测开关用于皮带纵向撕裂的保护。感知器采用拦索式结构，安装在胶带的下面，当胶带被异物划漏，下落的物料或异物使钢索受力，使钢球脱离开关体，开关送出报警信号。

图 12.14　　皮带纵向撕裂保护开关

#### 6）料流检测器（见图 12.15）

料流检测器用于检测带式输送机在工作过程中胶带上是否有物料。料流检测器安装在上行胶带的下面。当皮带运送物料时，皮带下沉，使料流的托辊动作，从而发出报警信号。

#### 7）速度检测仪（见图 12.16）

速度检测仪用于带式输送机在工作过程中速度的实时检测。测速传感器安装在下行皮带上。传感器的圆轮随着皮带转动而转动。

图 12.15　料流检测器

图 12.16　速度检测仪

### 2. 带式输送机的使用和保养

#### 1）带式输送机的安装顺序（见图 12.17）

（1）划中心线。
（2）安装机架（头部—中间架—尾架）。
（3）安装下托辊及改向滚筒。
（4）输送带铺设在下辊上。
（5）安装上托辊。
（6）拉紧装置、传动滚筒和驱动装置。
（7）输送带绕过头尾滚筒。

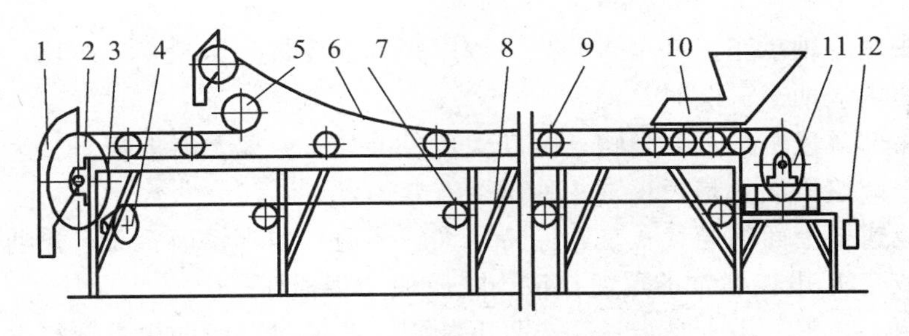


图 12.17　带式输送机的一般结构

1—端部卸料；2—驱动滚筒；3—清扫装置；4—导向滚筒；5—卸料小车；6—输送带；7—下托辊；8—机架；9—上托辊；10—进料斗；11—张紧滚筒；12—张紧装置

（8）输送带接头。

（9）张紧输送带。

（10）安装清扫器、逆止器、导料槽及护罩辅助装置。

### 2）使用带式输送机的注意事项

（1）输送机应有专人负责操作。每班使用后进行日常检修和维护工作。

（2）检查各紧固件是否松动。

（3）各清扫器、导料槽的橡胶刮板磨损时应调整其伸出的尺寸。如果磨损严重，应进行更换。

（4）多台输送机或其他设备联合运转使用时，应注意起动和停车顺序：应保持空载起动；进料口设备停机停止供料后，本设备应运转一段时间待卸空物料后再停车。

（5）停车后，将输送机上的污物清理干净，并关闭电源。

（6）若设备停止使用较长时间，在起动前应检查设备上是否有异物影响运动部件的运动。

（7）检查机头部、张紧装置和机尾附近的浮煤、杂物是否打扫干净，有无积水。

（8）检查各传动和转动部分的零件是否齐全、完整和紧固。

（9）检查减速器的油位是否正常。

（10）检查胶带的张紧度是否合适。

（11）检查机头各部件有无严重变形、开焊和断裂现象。

（12）空转 10 min，观察各部件是否正常，各保护是否可靠，控制和信号是否良好。

（13）检查运转日志填写是否清楚齐全；工具和零配件是否齐全、完整。

### 3）日常维护保养

（1）减速电机按其使用说明书定期更换润滑油。

（2）各滚筒的轴承座及轴承每半年清洗一次，并重新加注锂基润滑脂 ZL-2。

（3）张紧装置的螺杆每 3 ~ 6 个月表面涂一次锂基润滑脂 ZY-2。

（4）根据设备使用情况，各部件和结构件应定期清理污物和除锈，并涂油或喷漆进行防腐处理。

### 4）皮带的日常维护

（1）注意头尾轮是否跑偏，注意皮带中段时否跑偏。如跑偏，及时用上下调心托辊调节。如果托辊粘料，则需铲掉上面的粘料。

（2）测量头尾轮轴承座温度是否偏高，可以跟其他皮带头尾轮相互对比。如果偏高，则可能表示轴承座内缺油，需及时补油。

（3）注意头部减速机是否有异响、振动大现象。如有，要及时上报。

（4）需检查减速机油位是否正常，油是否有变质。

（5）检查减速机上面的通气孔是否保持与大气畅通，如不畅通，需清除油泥。

（6）检查减速机/电机联轴器尼龙销或梅花胶块是否损坏。

（7）对于调心托辊，不管是上托辊还是下托辊，跑偏时，面朝皮带运行方向，想象打方向盘，托辊往右边转则将皮带调往右，往左边转则皮带调往左。

（8）对于固定托辊架，则可开长孔进行调整，使其向左或向右转来调整，如图 12.18 所示。

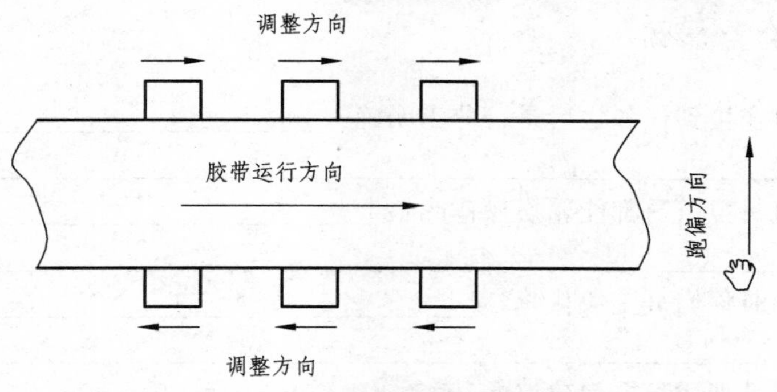


图 12.18　承载托辊组的调整方法

（9）皮带跑偏调整原理。假如皮带往下跑偏，这时将托辊逆时针扭转，此时托辊受到一个牵引力 $F_O$，根据力学原理分解为 $F_y$ 和 $F_x$，$F_y$ 使得托辊旋转，皮带受到反作用力 $F'_x$，皮带就往上跑，从而将皮带调整过来，如图 12.19 所示。

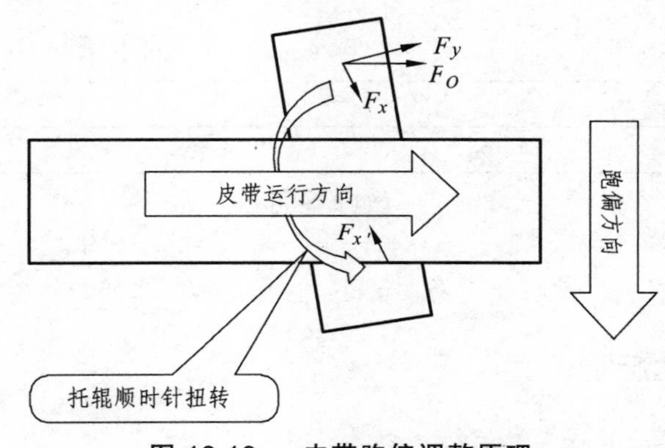


图 12.19　皮带跑偏调整原理

## 四、评价与反馈

### 1. 自我评价与反馈

（1）你是否知道带式输送机的基本结构？（　　）

A. 知道　　B. 不知道

（2）你是否能够完成对带式输送机的日常维护？（　　）

A. 能够　　B. 在小组协作下能够完成　　C. 不能完成

（3）完成了本学习任务后，你感觉哪些内容比较困难？

______________________________________________

______________________________________________

______________________________________________

签名：____________　　________年________月________日

## 2. 小组评价与反馈

（1）你们小组在接到任务之后是否分工明确？________________________________________________。

（2）你们小组每位组员都能轮换操作吗？________________________________________________。

（3）遇到难题时你们分工协作吗？________________________________________________。

（4）对于小组其他成员有何建议？________________________________________________。

参与评价的同学签名：__________ ________年________月________日

## 3. 教师评价及回复

________________________________________________

________________________________________________

________________________________________________

教师签名：

________年________月________日

# 五、技能考核标准

对带式输送机进行日常维护。如表 12.2 所示。

**表 12.2 带式输送机的日常维护**

| 序号 | 内 容 | 分值 | 得分 |
|---|---|---|---|
| 1 | 检查各紧固件是否松动 | 10 | |
| 2 | 减速电机按其使用说明书定期更换润滑油 | 10 | |
| 3 | 清洗各滚筒的轴承座及轴承 | 10 | |
| 4 | 检查胶带的张紧度是否合适，检查皮带是否应更换 | 10 | |
| 5 | 定期清理污物和除锈，并涂油或喷漆进行防腐处理 | 10 | |
| 6 | 检查设备各部位是否有异物影响运动部件的运动 | 10 | |
| 7 | 检查各传动和转动部分的零件是否齐全、完整和紧固 | 10 | |
| 8 | 检查机头各部件有无严重变形、开焊和断裂现象 | 10 | |
| 9 | 空转 10 min，观察各部件是否正常，各保护是否可靠，控制和信号是否良好 | 10 | |
| 10 | 检查运转日志填写是否清楚齐全；工具和零配件是否齐全、完整 | 10 | |
| 总 分 | | 100 | |

# 学习任务十三　自动分拣系统的使用与维护

## 一、学习任务描述

| 任务名称 | 自动分拣系统的使用与维护 | 任务编号 | 13 | 课时 | 8 |
|---|---|---|---|---|---|
| 学习目标 | 1. 了解自动分拣系统的特点<br>2. 自动分拣系统的组成<br>3. 自动分拣机的种类<br>4. 自动分拣系统的使用条件和分拣流程<br>5. 自动分拣系统的维护与保养 | | | | |
| 考评方式 | 按技能考核标准进行考核 | | | | |
| 教学组织方式 | 1. 理论准备<br>2. 实践操作<br>3. 评价与反馈<br>4. 技能考核 | | | | |
| 情境问题 | 对一部自动分拣系统的维护和保养 | | | | |

## 二、理论准备

自动分拣是配送中心依据顾客的订单要求或配送计划，迅速、准确地将商品从其储位或其他区位拣取出来，并按一定的方式进行分类、集中的作业过程。自动分拣系统一般由机械输送部分、电器自动控制部分和计算机信息系统联网组合而成，核心部分就是自动分拣机，如图 13.1 所示。

图 13.1　自动分拣机

在配送中心搬运成本中，分拣作业搬运成本约占 90%；在劳动密集型配送中心，与分拣作业直接相关的人力占 50%；分拣作业时间约占整个配送中心作业时间的 30%～40%。合理规划与管理分拣作业，对配送中心提高作业效率和降低整个配送中心作业成本具有事半功倍的效果。目前，自动分拣系统已被广泛应用于流通、商业的配送中心，成为现代配送中心不可缺少的一部分。

### 1. 自动分拣的特点

物流中心每天接收成百上千家供应商或货主通过各种运输工具送来的成千上万种商品，需要在最短的时间内将这些商品卸下并按商品品种、货主、储位或发送地点进行快速准确的分类，将这些商品运送到指定地点（如货架、加工区域、出货站台等）。当供应商或货主通知物流中心按配送指示发货时，自动分拣系统在最短时间内从庞大的高层货架存储系统中准确找到要出库的商品所在位置，并按所需数量出库，将从不同储位上取出的不同数量的商品按配送地点的不同运送到不同的理货区域或配送站台集中，以便装车配送。自动分拣系统的特点主要有以下几点。

（1）能连续、大批量的分解货物。由于采用流水线自动作业方式，自动分拣系统不受气候、时间、人的体力等因素的限制，可以连续运行。同时自动分拣系统单位时间分拣件数多，其分拣能力是人工分拣系统无法比拟的。例如，目前世界上一般的自动分拣系统可以连续运行 100 h 以上，每小时可分拣 7 000 件包装商品。如用人工则每小时只能分拣 150 件左右，同时分拣人员也不能在这种劳动强度下连续工作 8 h。

（2）分拣误差率极低。自动分拣系统的分拣误差率大小主要取决于所输入分拣信息的准确性大小，而这又取决于分拣信息的输入机制。如果采用人工键盘或语音识别方式输入，则误差率在 3%以上，如采用条形码扫描输入，除非条形码的印制本身有差错，否则不会出错。因此，目前自动分拣系统主要采取条形码技术来识别货物。

（3）分拣作业基本实行无人化。建立自动分拣系统的目的之一就是为了减少人员的使用，减轻人员的劳动强度，提高人员的使用效率，因此自动分拣系统能最大限度地减少人员的使用，基本做到无人化。分拣作业本身并不需要使用人员，人员使用仅局限于以下工作：送货车辆抵达自动分拣线的进货端时，由人工接货；由人工控制分拣系统的运行；分拣线末端由人工将分拣出来的货物进行集载、装车。例如一个配送中心面积为十万平方米左右，每天可分拣近 40 万件商品，仅使用 400 名左右员工。

### 2. 自动分拣系统的组成

为了达到自动分拣的目的，自动分拣系统一般由控制装置、分类装置、输送装置及分拣道口组成，如图 13.2 所示。

（1）控制装置的作用是识别、接收和处理分拣信号，根据分拣信号的要求指示分类装置按商品品种、商品送达地点或货主的类别对商品进行自动分类。这些分拣需求可以通过不同方式，如可通过条形码扫描、色码扫描、键盘输入、重量检测、语音识别、高度检测及形状识别等方式，输入到分拣控制系统中去。根据对这些分拣信号的判断，来决定某一种商品该进入哪一个分拣道口。

（2）分类装置的作用是根据控制装置发出的分拣指示，当具有相同分拣信号的商品经过该装置时，该装置动作，以改变在输送装置上的运行方向进入其他输送机或进入分拣道口。分类装置的种类很多，一般有推出式、浮出式、倾斜式和分支式几种。不同的装置对分拣货物的包装材料、包装重量、包装物底面的平滑程度等有不完全相同的要求。

（3）输送装置的主要组成部分是传送带或输送机。其主要作用是使待分拣商品鱼贯通过控制装置、分类装置。在输送装置的两侧，一般要连接若干分拣道口，使分好类的商品滑下主输送机（或主传送带），以便进行后续作业。

（4）分拣道口是已分拣商品脱离主输送机（或主传送带）进入集货区域的通道，一般由钢带、皮带、滚筒等组成。商品从主输送装置滑向集货站台，在那里由工作人员将该道口的所有商品集中后或是入库储存，或是组配装车并进行配送作业。

以上 4 部分装置通过计算机网连接结在一起，配合人工控制及相应的人工处理环节构成一个完整的自动分拣系统。

图 13.2　自动分拣系统

## 3. 自动分拣机的种类

自动分拣机的主要类型。

**1）挡板型（见图 13.3）**

该类型是利用一个挡板（或挡杆）挡住在输送机上向前移动的商品，将商品引导到一侧的滑道排出，如图 13.4 所示。挡板的另一种形式是挡板一端作为支点，可作旋转。挡板动作时，像一堵墙挡住商品向前移动，利用输送机对商品的摩擦力推动，使商品沿着挡板表面移动，从主输送机上排出至滑道。平时挡板处于主输送机一侧，可让商品继续前移；如挡板作横向移动或旋转，则商品就排向滑道。

就挡板本身而言，也有不同形式，如有直线形、曲线形，也有在挡板工作面上装有辊筒或光滑的塑料材料，以减少摩擦阻力。

图 11.3　挡板型分拣机

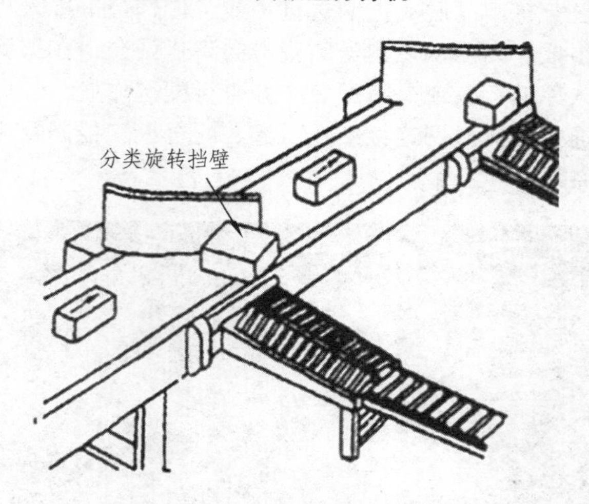


图 13.4　挡板型分拣机示意图

**2）上跃型**

上跃型是把商品从主输送机上托起，而将商品引导出主输送机的一种结构形式。从引离主输送机的方向看，一种是引出方向与主输送机成直角；另一种是呈一定夹角（通常是 30°～45°）。一般前者比后者生产率低，且对商品容易产生较大的冲击力。

**3）滑梭型（见图 13.5、图 13.6）**

滑梭型分拣机是一种特殊形式的条板输送机。

输送机的表面用金属条板或管子构成，如竹席状。在每个条板或管子上有一个用硬质材料制成的滑块，能沿条板横向滑动，平时滑块停止在输送机的侧边。滑块的下部有销子与条板下导向杆连接。通过计算机控制，滑块能有序地自动向输送机的对面一侧滑动，从而将商品就出主输送带。这种方式是将商品侧向逐渐推出，并不冲击商品，故商品不易损伤。它对分拣商品的形状和大小适用范围较广，是目前国外一种最新型的高速分拣机。

这类分拣系统在计算机控制下，自动识别、采集数据，振动小，不损货物，适宜于各种形状、体积、质量在 1～90 kg 的货物。分拣能力最高可达到每小时 12 000 件，准确率 99.9%，是当代最新型的高速分拣机。

滑梭型分拣机是在快递行业应用非常多的一种分拣机。滑块式分拣机是一种非常可靠的分拣机，故障率非常低。在大的配送中心，比如 UPS 的路易斯维尔，就使用了大量的滑块式分拣机来完成预分拣及最终分拣。滑块式分拣机可以多台交叉重叠起来使用，以满足单一滑块式分拣机无法达到能力要求的目的。

图 13.5　滑梭型分拣机

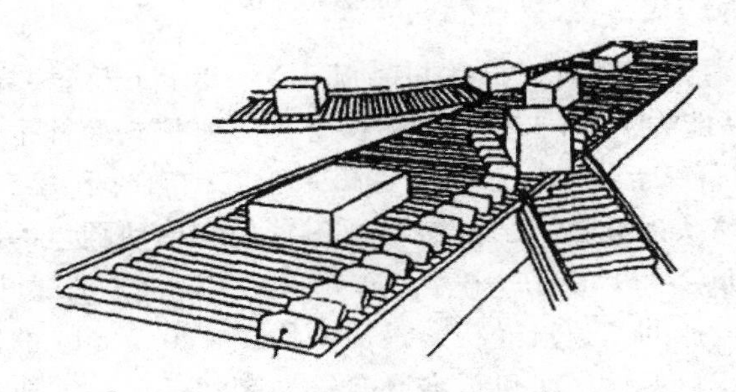

图 13.6　滑块式分拣机

**4）倾斜型**

（1）条板倾斜式。商品装载在输送机的条板上，当商品行走到需要分拣的位置时，条板的一端自动升起，使条板倾斜将商品移离主输送机。商品占用的条板数随商品的长度而定，被占用的条板数如同一个单元，同时倾斜。因此，这种分拣机对商品的长度在一定范围内不受限制，如图 13.7 所示。

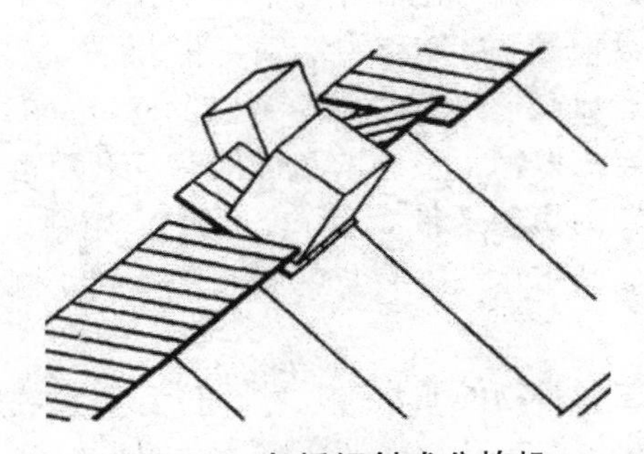

图 13.7　条板倾斜式分拣机

（2）翻盘式。这种分拣机是由一系列的盘子组成，盘子为铰接式结构，可向左或向右倾斜。物品装载在盘子上行走到一定位置时，盘子倾斜，将物品翻倒于旁边的滑道中。对于长形物品可以跨越两只盘子放置，倾倒时两只盘子同时倾斜，如图 13.8 所示。

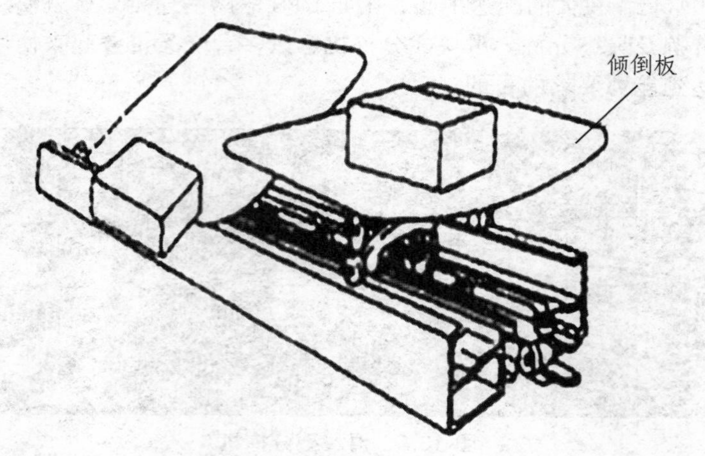


图 13.8　翻盘式分拣机

日本川崎重工公司生产的翻盘式分拣机系统设有 32 个分拣信号输入装置，有排出滑道 255 条，每小时分拣商品能力为 14 400 件。住友重机工业株式会社生产的分拣机系统的分拣能力达每小时 30 000 件。铃木公司生产的分拣机系统的排出滑道有 551 条。

这种分拣机常采用环状连续输送，其占地面积较小。传动翻盘的链条能在水平和垂直两平面转向，因此翻盘传动带可以在空间内任意布置。被拣货物是通过喂料输送机送入翻盘的，喂料输送机是一段分级加速的高速输送机，最后一段以 180 m/min 的速度在极短的时间内，把被拣货物送入空翻盘。喂料输送机可设在翻盘输送带的任何一点或几点，送入角度也可以是斜角或直角。由于上述两个特点，翻盘式分拣线的布置十分灵活，既能水平，也能倾斜，甚至可以隔层布置，平面可呈直线形、环线形或不规则形，还可以架空链挂翻盘。用翻盘式分拣机能组成一个变化多样的空间分拣系统，这是其他几类分拣机所难以办到的。

5）托盘式分拣机

托盘式分拣机是一种应用十分广泛的机型，主要由托盘小车、驱动装置、牵引装置等组成。其中托盘小车形式多种多样，有平托盘小车、U 形托盘小车、交叉带式托盘小车等。

传统的平托盘小车利用盘面倾翻，靠重力卸载货物，结构简单。但存在着上货位置不稳、卸货时间过长的缺点，结果造成高速分拣时不稳定以及格口宽度尺寸过大。

交叉带式托盘小车的特点是取消了传统的盘面倾翻、利用重力卸落货物的结构，而在车体上设置了一条可以双向运转的短传送带（又称交叉带），用它来承接上货机来的货物，由牵引链牵引运行到格口，再由交叉带运转，将货物强制卸落到左侧或右侧的格口中。交叉带式托盘分拣机如图 13.9 所示。

交叉带式托盘小车能够按照货物的质量、尺寸、位置等参数来确定托盘承接货物的起动时间、运转速度的大小和变化规律，从而摆脱了货物质量、尺寸、摩擦系数的影响，能准确地将各种规格的货物承接到托盘的中部位置。因此，扩大了上机货物的规格范围。在业务量不大的中小型配送中心，可按不同的时间段落处理多种货物，从而节省了设备的数量和场地。货物卸落时，同样可以根据货物质量、尺寸及在托盘带上的位置来确定托盘的起动时间、运转速度，可以快速、准确、可靠地卸落货物，能够有效地提高分拣速度、缩小格口宽度，从而缩小机器尺寸，有明显的经济效益。

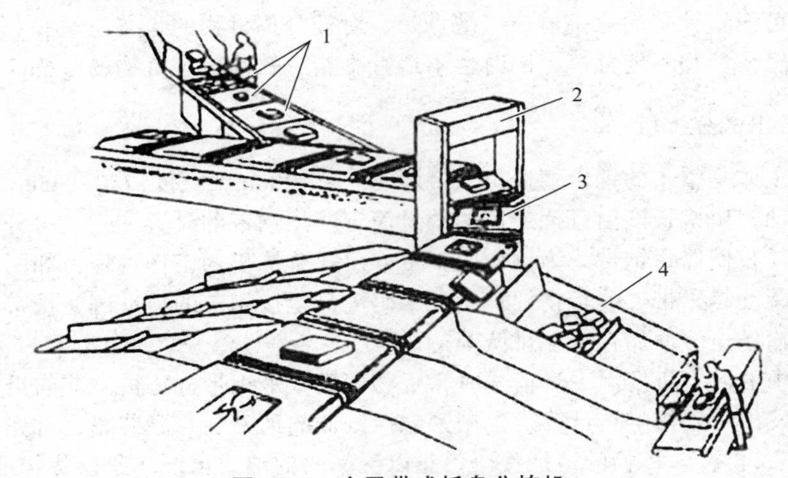


图 13.9　交叉带式托盘分拣机

1—上货机；2—激光扫描机；3—带式托盘小车；4—格口

托盘分拣机的适用范围比较广泛，它对货物形状没有严格限制，箱类、袋类、甚至超薄形的货物都能分拣，分拣能力达 10 000 件/h。

**6）胶带浮出式分拣机（见图 13.10）**

这种分拣机的主体是分段的胶带输送机。在传送胶带的下面，设置有两排旋转的滚轮，每排由 8～10 个滚轮组成。滚轮的排数也可设计为单排，主要根据被分拣货物的重量来决定单排还是双排。滚轮接收到分拣信号后立即跳起，使两排滚轮的表面高出主传送带 10 mm，并根据信号要求向某侧倾斜，使原来保持直线运动的货物在一瞬间转向，实现分拣。

胶带宽度为 600～750 mm，每一分拣道口都有滚轮，间距为 3 m 左右；两侧各设分拣道口（通常与主传送带成 60°或 90°角）。这种类型的分拣机由于分拣滑道多，输送带长，一般有 5 条上料输送带同时上料。主传送带的速度为 100～120 m/min，比输送带的速度快得多。该类型分拣机对货物的冲击小，适合分拣底部平坦、用箱或托盘装的货物，不能分拣很长的货物或底部不平的货物。

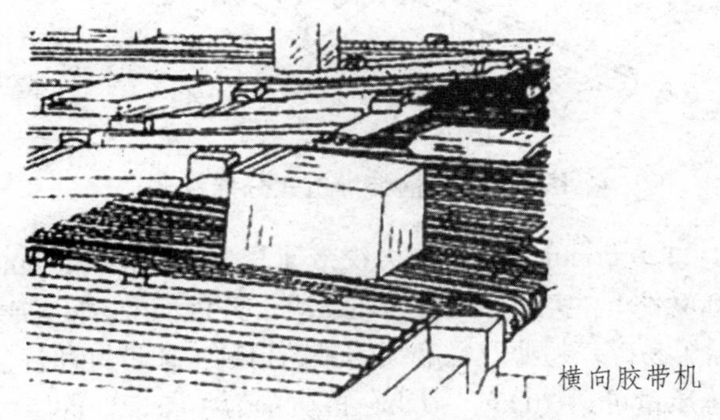


图 13.10　胶带浮出式分拣机

该类型的分拣机适用于包装质量较高的纸制货箱，一般不允许在纸箱上使用包装带，分拣能力达 7 500 箱/h。该类分拣机的优点是：可以在两侧分拣；冲击小，噪声低；运行费用低，耗电少；可设置较多的分拣道口。缺点是：对被分拣货物的包装质量和包装形状要求较高，对重物或轻薄货物不能分拣，同时也不适宜木箱、软性包装货物的分拣。

#### 7）钢带推出式分拣机

该分拣机主体是整条的钢带输送机。带厚 0.8 ~ 1.2 mm，宽度 750 ~ 950 mm，由一个大直径的飞轮驱动，单机长度由分拣道口的数量而定。按钢带的设置形式，可分为平钢带式和斜钢带式两种。我们以平钢带式为例说明钢带推出式分拣机的工作过程，如图 13.11 所示。

分拣人员阅读编码带上的货物地址，在编码键盘上按相应的地址键，携带有地址代码信息的货物即被输送至缓冲储存带上排队等待。

当控制柜中的计算机发出上货信号时，货物即进入平钢带分拣机。其前沿挡住货物探测器时，探测器发出货到信号。计算机控制紧靠探测器的消磁、充磁装置，首先对钢带上的遗留信息进行消磁，再将该货物的地址代码信息以磁编码的形式记录在紧挨货物前沿的钢带上，成为自携带地址信息，从而保持和货物同步运动的关系。

在分拣机每一小格滑槽的前面都设置了一个磁编码信息读出装置，用来阅读和货物同步运行的磁编码信息。当所读信息就是该格口代码时，计算机就控制推出机构，快速将货物推出钢带，进入分拣道口，完成分拣任务。

推出机构最常用的是括板式推出机构，如图 13.11 所示。括板在推出货物时做曲线运动，推出货物时括板边平行于货箱，平稳地将货箱推出，避免损伤并快速退回，让后续货物通过。括板设在钢带一侧，分拣道口设在另一侧。括板的间距即分拣道口的间距，通常根据被分拣货物的长度而定，一般为 3 ~ 4 m。

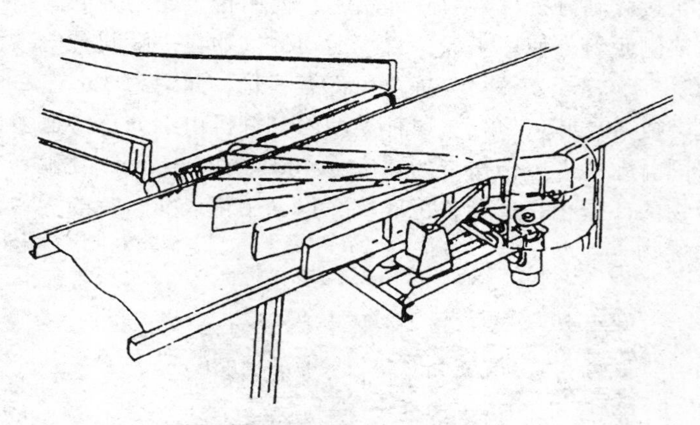

图 13.11 钢带推出式分拣机

钢带行走速度为 60 ~ 120 m/min，分拣能力视带速及被拣货物的长度而定，一般为 2 000 ~ 4 000 件/h，最大可达 6 000 件/h。实际分拣能力还取决于分拣信号设定的速度。平钢带分拣机的优点是：适用范围广，除了易碎、超薄及易磨损钢带的包装（如带钉和打包铁皮木箱）外，其余货物都能分拣，最大分拣质量可达 70 kg，最小分拣质量为 1 kg，分拣能力强，故在运输业的货物集散中心大多都采用这种类型的分拣机。缺点是：设置较多的分拣滑道较困难，系统平面布局比较困难；对货物冲击大；在同一位置只能在一侧设置分拣道口；价格较高，运营费用较高。

## 三、实践操作

### 1. 自动分拣系统的使用条件

自动分拣系统是先进的物流中心、配送中心所必需的设施之一，但要求使用者必须具备一定的技术经济条件。

（1）一次性投资巨大。自动分拣系统本身需要建设短则 40 ~ 50 m，长则 150 ~ 200 m 的机械传输线，还有相配套的机电一体化控制系统、计算机网络及通信系统。这一系统不仅占地面积大，动辄两万平方米以上，而且一般自动分拣系统都建在自动主体仓库中，这样就要建三至四层楼高的立体仓库，库内需要配备各种自动化的装运设备，设施毫不亚于建设一个现代化工厂所需要的硬件投资。这种巨额投资要花 10 ~ 20 年才能收回，如果没有可靠的货源作保证，则有可能使投资回收期更加延长。

（2）对商品外包装要求高。自动分拣机只适用于底部平坦且具有刚性包装的商品。袋装商品、包装底部柔软且凹凸不平、包装容易变形、易破损、超长、超薄、超重、不能倾覆的商品不能使用普通的自动分拣机进行分拣。因此为了使大部分商品都能用机器进行自动分拣，必须采取相应措施：一方面推行标准化包装；另一方面根据所分拣的大部分商品的统一包装特性定制特定的分拣机。

（3）业务量要大。自动分拣系统的开发经营成本比较大，开机后的运行成本也比较大，因此需要有相应的业务量支持，需保证开机后货源不断，使系统连续带负荷运行，以保证系统的使用效率。

### 2. 分拣作业的流程

如图 13.12 所示，是一个分拣作业的流程示意图：

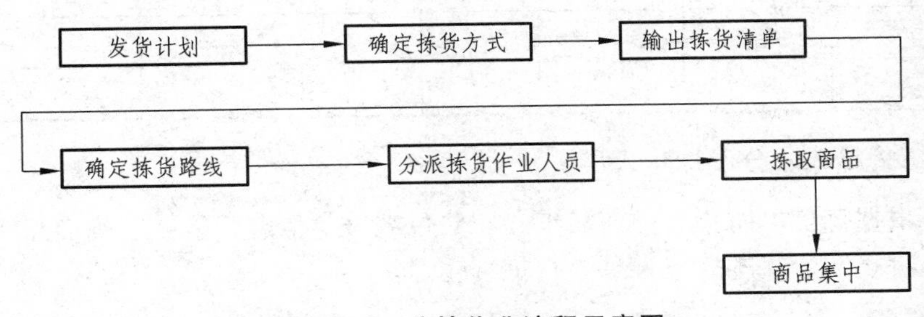


图 13.12　分拣作业流程示意图

**1）发货计划**

发货计划是根据顾客的订单编制而成。订单是指顾客根据其用货需要向配送中心发出的订货信息。配送中心接到订货信息后需要对订单的资料进行确认、存货查询和单据处理，根据顾客的送货要求制定发货日程，最后编制发货计划。

#### 2）确定拣货方式

拣货通常有订单拣取、批量拣取及复合拣取 3 种方式。

（1）订单拣取是针对每一份订单，分拣人员按照订单所列商品及数量，将商品从储存区域或分拣区域拣取出来，然后集中在一起的拣货方式。

订单拣取的特点是作业方法简单，接到订单可立即拣货，作业前置时间短，作业人员责任明确。但当商品品项较多时，拣货行走路径加长，拣取效率较低。

（2）批量拣取是将多张订单集合成一批，按照商品品种类别汇总后再进行拣货，然后依据不同客户或不同订单分类集中的拣货方式。

批量拣取的特点是可以缩短拣取商品时的行走时间，增加单位时间的拣货量。由于需要订单累计到一定数量时，才做一次性的处理，因此，会有停滞时间产生。

（3）复合拣取是为克服订单拣取和批量拣取方式的缺点，将订单拣取和批量拣取组合起来的拣取方式。

#### 3）输出拣货清单

拣货清单是配送中心将客户订单资料进行计算机处理，生成并打印出的拣货单。拣货单上标明储位，并按储位顺序来排列货物编号，作业人员据此拣货可以缩短拣货路径，提高拣货作业效率。拣货清单如表 13.1 所示。

表 13.1　拣货清单

<table>
<tr><td colspan="4">拣货单号码：</td><td colspan="5">拣货时间：</td></tr>
<tr><td colspan="4" rowspan="3">顾客名称：</td><td colspan="5">拣货人员：</td></tr>
<tr><td colspan="5">审核人员：</td></tr>
<tr><td colspan="5">出货日期：　　年　　月　　日</td></tr>
<tr><td rowspan="2">序号</td><td rowspan="2">储位号码</td><td rowspan="2">商品名称</td><td rowspan="2">商品编码</td><td colspan="3">包装单位</td><td rowspan="2">拣取数量</td><td rowspan="2">备注</td></tr>
<tr><td>整托盘</td><td>箱</td><td>单件</td></tr>
<tr><td></td><td></td><td></td><td></td><td></td><td></td><td></td><td></td><td></td></tr>
<tr><td></td><td></td><td></td><td></td><td></td><td></td><td></td><td></td><td></td></tr>
</table>

#### 4）确定拣货路线及分派拣货人员

配送中心根据拣货单所指示的商品编码、储位编号等信息，能够明确商品所处的位置，确定合理的拣货路线，安排拣货人员进行拣货作业。

#### 5）拣取商品

拣取商品由自动分拣系统完成，可分为合流、分拣识别、分拣分流、分运 4 个分段。

（1）合流段。商品通过多条输送线进入分拣系统，经过合流逐步将各条输送线上输入的商品合并于一条汇集输送机上；同时，将商品在输送机上的方位进行调整，以适应分拣识别和分拣的要求。汇集输送机具有自动停止和起动的功能。

（2）分拣识别。商品接受激光扫描器对其条形码标签的扫描，或者通过其他自动识别方式，如光学文字读取装置、声音识别输入装置等，将商品分拣信息输入计算机。

商品之间保持一个固定的间距，对分拣速度和精度是至关重要的。即使是高速分拣机，在各种商品之间也必须有一个固定的间距。当前的微型计算机和程序控制器已能将这个间距减小到只有几英寸。

（3）分拣分流。商品离开分拣识别装置后在分拣输送机上移动时，根据不同商品分拣信号所确定的移动时间，使商品行走到指定的分拣道口，由该处的分拣机构按照上述的移动时间自行起动，将商品排离主输送机进入分流滑道排出。

（4）分运。分拣出的商品离开主输送机，再经滑道到达分拣系统的终端。分运所经过的滑道一般是无动力的。

## 3. 自动分拣系统的维护

### 1）自动分拣系统的日常维护

（1）班前班后或工作间歇时间，操作人员应认真检查设备的各部位，班中如发现设备故障隐患，要及时排除，下班前做好清洁工作。

（2）周末由操作人员在下班前对设备进行彻底的清扫、润滑，设备管理员或班组长应对此进行检查。

（3）设备的日常维护保养应做好记录，如表 13.2 所示。

表 13.2　设备例保清单

填写日期：　　　年　　月　　日

| 设备名称 | | 设备型号 | |
|---|---|---|---|
| 使用部门 | | 操作人员 | |
| 例保部门： | | | |
| 发现问题： | | | |
| 问题处理： | | | |

例保人（签章）：____________

### 2）设备计划检修

（1）设备大修、中修是计划修理的主要内容。一般大修时将设备全部拆卸，更换和修复全部的磨损件，校正和调整设备以恢复设备原有的精度和性能。中修是修复和更换设备较多的或主要的部件，并校正设备基准，保证修理部位恢复并达到规定的精度要求。

（2）设备管理部门每年应组织一次设备的技术状态检查，凡经二级保养仍达不到完好要求，并且值得修理的应进行中修和大修。

（3）计划检修由使用部门申报，设备管理部门审议立项，并确定修理类别，列入本年度或下年度检修计划。

（4）设备中修、大修可由本单位设备维修部门承担，必要时，可委托外单位进行。

（5）设备操作人员应参加设备的预检、修理、试车和验收工作。

（6）检修完成后，由设备管理部门组织验收和设备能力认可，并写出检修验收总结。未经验收和设备能力认可，不应投入使用。

（7）设备中修、大修后承修单位应保修三个月，返修率不应超过 5%。

**3）设备管理**

（1）电子设备维护。对电子设备的功能、结构、线路、程序等的改进、变动要经主管人员批准，并将更改的技术方案、测试数据、使用效果及计数工作总结存档保留。对控制系统、识别系统要定期检查、校验，并做好清洁工作。

（2）检测开关维护。检测开关是自动控制读取信号的元件，如信号读取错误将导致设备运行错误。因此检测开关要注意安装位置是否牢固，检测距离是否精准，灵敏度调整是否适当，同时定期清扫粉尘并观察安装位是否偏移或松动。

（3）设备档案管理。建立完善的设备档案，内容包含设备供应商、生产时间、安装时间、正常运行时间、设备名称、规格型号以及编号、公司编号、设备维护周期等。建立设备维护制度，做好设备易损配件的储备。

（4）设备报废管理。设备达到报废标准，如符合下列条件之一时，应申请报废。

① 设备超过使用年限，丧失原有技术性能。

② 经过预测，继续大修后技术性能仍不能满足要求。

③ 设备老化、技术性能落后。

④ 大修虽能恢复设备性能，但费用超过或接近同等效能新设备。

⑤ 设备因种种原因损坏严重，不堪修复和使用的。

## 四、评价与反馈

### 1. 自我评价与反馈

（1）你是否知道自动分拣机的种类？（　　）

A. 知道　　B. 不知道

（2）你是否能独立完成自动分拣机的维护？（　　）

A. 能够　　B. 在小组协作下能够完成　　C. 不能完成

（3）完成了本学习任务后，你感觉哪些内容比较困难？

________________________________________

________________________________________

________________________________________

签名：__________　　__________年__________月__________日

### 2. 小组评价与反馈

（1）你们小组在接到任务之后是否分工明确？________________________________________________。

（2）你们小组每位组员都能轮换操作吗？________________________________________________。

（3）遇到难题时你们分工协作吗？________________________________________________。

（4）对于小组其他成员有何建议？________________________________________________。

参与评价的同学签名：__________ ________年________月________日

### 3. 教师评价及回复

________________________________________________

________________________________________________

________________________________________________

教师签名：

________年________月________日

## 五、技能考核标准

对自动分拣机进行维护，如表 13.3 所示。

表 13.3　自动分拣机的维护

| 序号 | 项目 | 内　容 | 分值 | 得分 |
| --- | --- | --- | --- | --- |
| 1 | 日常维护 | 清洗自动分拣机上的污垢、泥土和灰尘 | 5 | |
| 2 | | 检查各部位的紧固情况，进行润滑 | 10 | |
| 3 | | 检查自动分拣机的可靠性、灵活性 | 10 | |
| 4 | | 检测开关要注意安装位置是否牢固，检测距离是否精准，灵敏度调整是否适当 | 15 | |
| 5 | | 设备的日常维护保养应做好记录 | 5 | |
| 6 | | 检查设备是否应进行大修或中修 | 10 | |
| 7 | 设备维护 | 控制系统、识别系统的定期检查、校验，以及清洁工作 | 15 | |
| 8 | | 对电子设备的功能、结构、线路、程序等进行维护 | 15 | |
| 9 | | 对设备进行报废管理 | 15 | |
| 总　分 | | | 100 | |

# 学习任务十四　轻小型起重设备

## 一、学习任务描述

| 任务名称 | 轻小型起重设备的使用与维护 | 任务编号 | 14 | 课时 | 18 |
|---|---|---|---|---|---|
| 学习目标 | 1. 了解轻小型起重设备的作用<br>2. 了解轻小型起重设备的分类<br>3. 轻小型起重设备的使用和保养<br>4. 轻小型起重设备使用时的注意事项 | | | | |
| 考评方式 | 本任务 100 分，通过实操 1（30%）、实操 2（20%）、实操 3（20%）、实操 4（30%）得出最后总分。 | | | | |
| 教学组织方式 | 1. 理论准备<br>2. 实践操作<br>3. 评价与反馈 | | | | |
| 情境问题 | 正确使用物流的轻小型起重设备。 | | | | |

## 二、理论准备

### 1. 概　念

起重机械是一种以间歇的作业方式对物料进行起升、下降和水平移动的装卸机械，以满足货物的装卸、转载等作业要求。其广泛应用于港口、码头堆场、工矿企业、仓库、物流园区等物流节点上。在建设工程中所用的起重机械，根据其构造和性能的不同，一般可分为轻小型起重设备、桥式类型起重机械和臂架类型起重机械 3 大类。轻小型起重设备如：千斤顶、气动葫芦、电动葫芦、平衡葫芦（又名平衡吊）、卷扬机等。

### 2. 轻小型起重设备的分类

#### 1）千斤顶

千斤顶是一种可用较小的力量就能把重物顶高、降低或移动的简单而方便的起重设备，如表 14.1 所示。

表 14.1　各种千斤顶介绍

<table>
<tr><th>产品品种</th><th>规格型号</th><th>使用和保养</th><th>注意事项</th></tr>
<tr><td>油压千斤顶（见图 14.1）</td><td>1.5～320 t<br>QYL 型等</td><td rowspan="3">1. 根据被顶升的重量选用千斤顶的个数和吨位；<br>2. 根据起升设备重量、外形以及所处的环境和施工要求选用千斤顶；<br>3. 使用完毕后，放完液压油，存放在干燥处，垫上木板；<br>4. 如停放时间较长，应拆下密封件并清洗干净；<br>5. 油料内不得混入水</td><td rowspan="3">1. 放在干燥无尘的地方，不可日晒雨淋；<br>2. 使用前检查活塞等部位是否灵活可靠；<br>3. 使用千斤顶时，应放在平整坚固的地方，在松软的地面上应垫上木板；<br>4. 不得超负荷应用；<br>5. 要试顶，成功后方可使用；<br>6. 几台同时使用时，应选择同一型号，每台起重量不得小于所分担重量的 1.2 倍；<br>7. 齿条式千斤顶松放时，不得突然放下</td></tr>
<tr><td>车库用油压千斤顶（见图 14.2）</td><td>1～20 t<br>QK 型等</td></tr>
<tr><td>螺旋千斤顶（见图 14.3）</td><td>0.5～100 t<br>QL 型等</td></tr>
</table>

图 14.1　油压千斤顶

图 14.2　车库用油压千斤顶

图 14.3　螺旋千斤顶

2）葫芦

葫芦是一种使用简便的起重设备，分电动葫芦（图 14.4）和手动葫芦（图 14.5）两种。根据结构及操作方法的不同，手动葫芦分为手拉葫芦和手板葫芦两种。其中环链手拉葫芦（又称“倒链”）、钢丝绳手板葫芦使用最为普遍，如表 14.2 所示。

图 14.4　电动葫芦

图 14-5　手动葫芦

表 14.2　各种葫芦介绍

| 产品品种 | 规格型号 | 使用和保养 | 注意事项 |
| --- | --- | --- | --- |
| 环链手拉葫芦（倒链） | 0.5～32 t，HS 型等 | 1. 检查吊钩、链条以及制动器有无变形和损坏，传动部位是否灵活，不得有滑链或掉链；<br>2. 使用完毕应将葫芦清理干净并涂上防锈油脂，存放在干燥地方，防止手拉葫芦受潮生锈和腐蚀；<br>3. 制动器的摩擦表面必须保持干净。制动器部分应经常检查，防止制动失灵，发生重物自坠现象；<br>4. 葫芦经过清洗维修，应进行空载试验，确认工作正常、制动可靠时，才能交付使用。特别注意：为了维护和拆卸方便，手链条其中一节系开口链（不允许焊死） | 1. 在起吊重物前应估计一下重量，切勿超载使用；<br>2. 葫芦的吊挂必须牢靠，不得有吊钩歪斜及将重物吊在圆钩尖端等不良现象；<br>3. 起重链条及手拉链条不应有错扭现象，以免在起吊重物时链条卡死在链轮中，影响正常工作；<br>4. 无论是在倾斜或水平方向使用拉链，拉链的方向应与手链轮方向一致；<br>5. 在起吊过程中，严禁有人在重物下面做任何工作或行走；<br>6. 在起吊过程中，无论重物上升或下降，拉动手拉链时，用力应均匀缓和；<br>7. 如果操作者发现拉不动拉链时，应立即停止使用拉链 |

续表 14.2

| 产品品种 | 规格型号 | 使用和保养 | 注意事项 |
|---|---|---|---|
| 环链手扳葫芦（见图 14.6） | 0.5～9 t，HSH 型等 | 1. 每次作业完毕，首先要擦拭松端钢丝绳上黏附的泥浆、粉尘或油污，松开钳口，抽出钢丝绳，将钢丝绳顺序绕在收集架上，并擦拭全长钢丝绳，将钢丝绳存放于干燥处，以防锈蚀；<br>2. 每年应对葫芦至少进行 4 次保养处理，如用柴油清洗机件，并以钙基润滑脂润滑；<br>3. 当机芯内部灌入泥浆、水泥或其他脏物时，可用清水冲洗，再以柴油清洗；清洗、干燥后上钙基润滑脂；最后松开钳口，用干净的棉纱擦净钳口上的油脂和水分；<br>4. 当钳口磨损，承载力小于额定载荷的 80%时，应更换钳口；当钢丝绳直径减小 10%时，应更换钢丝绳 | 1. 使用前检查各手柄是否灵活可靠；<br>2. 工作时严禁同时扳动前进与反向手柄，卸载后才可扳动；<br>3. 严禁超载使用 |

图 14-6　环链手扳葫芦

### 3）起重滑车（见图 14.7）

起重滑车是利用杠杆原理制成的一种简单起重机械，它能借助起重绳索的作用而产生旋转运动，以改变作用力的方向。在实际应用中，常将一定数量的动滑车和一定数量的定滑车组合起来使用，构成滑车组。

按滑车的轮数可以分为单轮滑车、双轮滑车、三轮滑车、多轮滑车等。按滑车与吊钩的连接方式可以分为：吊钩式、吊环式、吊梁式。按材质又可以分为木质和钢制。下面介绍一些滑车的产品品种和它们的使用及保养方法，如表 14.3 所示。

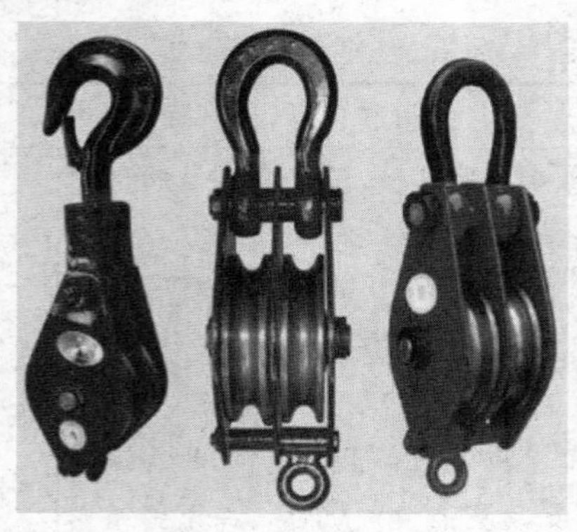

图 14.7 起重滑车

表 14.3 滑车的使用和保养方法

| 产品品种 | 规格型号 | 使用和保养 | 注意事项 |
| --- | --- | --- | --- |
| 定滑车 | 0.32～10 t<br>HG 型等 | 1. 定期保养；<br>2. 使用完毕时，应将滑车擦洗干净，涂上黄油，放置在干燥处；<br>3. 在使用中应注意绳的牵引力方向和导向轮的位置是否正确，防止绳脱槽卡死而发生事故；<br>4. 注意检查金属滑轮是否报废 | 1. 使用前检查滑车的定额起重量，不许超载使用；<br>2. 使用前认真检查，对滑车和吊钩如发现变形、裂痕和轴的定位装置不完善，不予使用；<br>3. 滑轮直径、轮槽宽度应与配合使用的钢丝绳直径相符合；<br>4. 在高空作业时宜选用吊环式滑车，以防脱钩 |
| 导向滑车 | | | |
| 动滑车 | | | |

## 3. CD1 型钢丝绳电动葫芦（见图 14.8）

### 1）简介

本书以 CD1 型电力葫芦为例介绍轻小型起重设备的操作和维护。

图 14.8 CD1 型电动葫芦

CD1 型电动葫芦是一种轻小型起重设备，具有体积小，结构紧凑，重量轻，操作简单，零部件通用性强，使用方便等特点，应用于工矿企业、仓储码头等场所。CD1 型电葫芦只是众多电动葫芦中的一种，它由提升机构、运行机构和电器装置等 3 部分组成。其起重量为 2 t，起升高度为 6 m，起升电动机功率为 3 kW。

**2）部件介绍**

（1）起升电机（如图 14.9，图 14.10）。

图 14.9　ZD 型锥形转子电动机

图 14.10　ZDS 型锥形转子电动机

ZD 0.8 ~ 13 kW 起升电机为锥形转子三相异步制动电机，标准电机绝缘等级为 B 级绝缘，防护等级为 IP44，亦可根据工况需要制做成 F、H 级绝缘，IP54、IP55 防护等级。该电机具有散热好、使用寿命长、安全可靠的特点，可以适合在高强度工作场合长时间工作。其额定工作循环周期为 10 min，基准接电持续率为 15%每小时，等效启动次数为 90 次。

（2）起升减速机（见图 14.11）。

图 14.11　起升减速机

起升减速机是电动葫芦的核心部件，由下列部分组成：

① 箱体、箱盖为抗振性能好的灰铁 HT200 浇铸而成；经过时效处理在专用镗床上加工制造。减速机装配时采用优质橡胶密封圈，经配合面压紧，有效防止漏油现象的发生。

② 高、中速齿轮及齿轮轴为低碳合金钢 20CrMnTi 模锻成型，经过车削、滚齿、渗碳淬火、磨削加工而成。

（3）卷筒装置。

卷筒装置主要由卷筒外壳、卷筒、中间轴装置、导绳器装置及限位导杆装置组成。卷筒装置左端安装起升减速机，通过矩形花键端盖套装在起升减速机空心轴上，并实现动力传输。卷筒装置右端安装起升电机，通过右端盖套装在起升电机前部的轴承上。原动力由电机轴通过弹性联轴器、中间轴、刚性联轴器输入减速机高速轴端。卷筒以 Q235B 无缝钢管作为材料，车削加工而成，具有抗压强度高、承载能力大的特性。卷筒上安装有导绳器可使钢丝绳有序排列而不发生乱绳。

（4）吊钩组。

吊钩部件共有两种形式：一只滑轮的单轮式（见图 14.12），适用于缠绕钢丝绳为两支的起升机构；两只滑轮的双滑式（见图 14.13），适用于缠绕钢丝绳为 4 支的起升机构。吊钩带有防止钢丝绳脱钩的防脱钩装置，确保吊钩在使用过程中的安全可靠性。

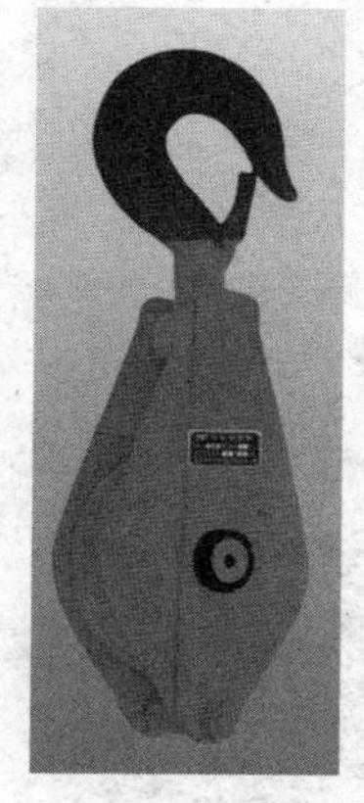

图 14.12　单轮吊钩

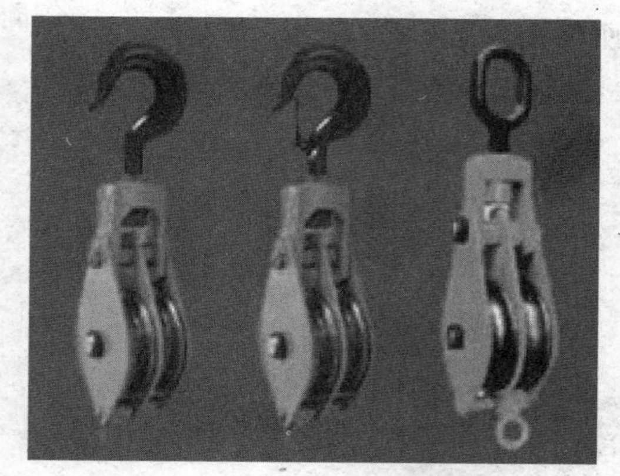

图 14.13　双轮吊钩

（5）供电电源。

葫芦标准电源为三相 380 V（±10%，尖峰电流时下限为 −15%），50 Hz 交流电源，还可根据客户要求设计供电电源为三相 690 V 以下、频率 50～60 Hz 的控制系统。电气控制方式有两种，一种是直接控制方式：直接控制方式即电动机通过手电门上的按钮开关使接触器的触点接通或切断电动机的电源，可实现电机单双速、正反转控制，正反转接触器之间设置电气互锁。另外一种是变频调速控制方式：利用变频器改变电动机电源的频率和电压，达到电动机调速的目的。变频器通过自学习可自动识别电机的电气参数，并采用高性能的无传感器矢量控制方式驱动电机。这种控制方式调速范围大，调速平滑性好，节能效果明显，机械冲击力小，短时过载能力可达 150%。CD1 型电动葫芦可实现起升与运行的单双速控制，也可以经变频器实现挡位间无级调速控制。

（6）电气控制箱（见图 14.14）。

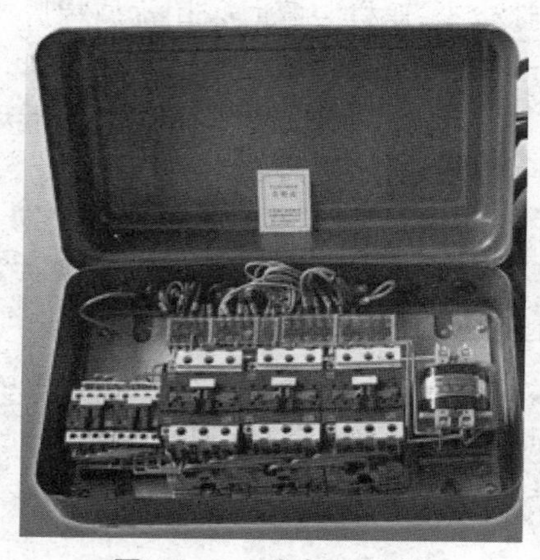

图 14.14　电气控制箱

CD1 型电动葫芦控制箱由覆盖漆膜保护的金属箱壳和内部电气元件组成。控制箱体由钢板制成，表面经防腐处理，打开箱盖需要钥匙或起子。内部零件布局合理，电气元件固定于箱内活动底板之上，电气线路简单易懂，方便日常维护检修。电气箱出线孔安装有防护橡胶圈，降低了电缆与箱壳之间的摩擦，延长了电缆的使用寿命。控制箱防护等级为 IP44，也可根据客户要求配备最高防护等级为 IP55 的控制箱。

（7）断火限位装置（见图 14.15）。

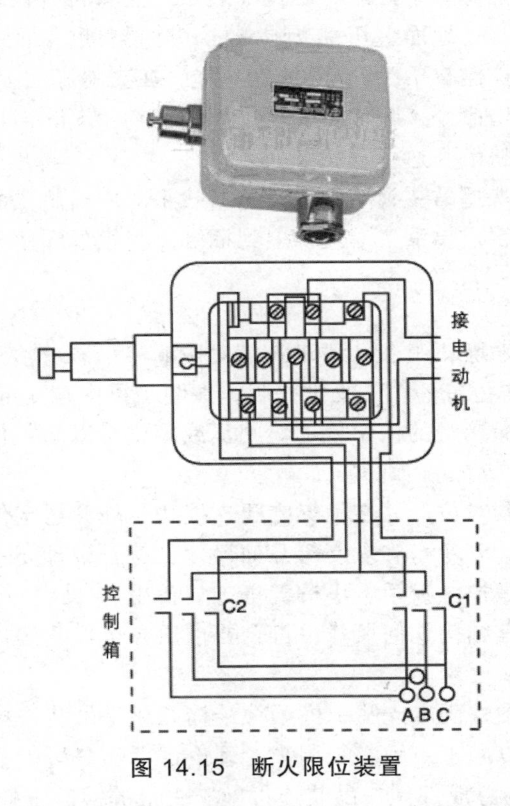


图 14.15　断火限位装置

断火限位装置由断火限位器和导杆组成。断火限位器安装于起升电动机接线盒上，用于起升机构的上下限位保护。其工作原理是：钢丝绳导绳器卡板拨动导杆，进而带动断火限位开关切断起升电动机电源。

## 三、实践操作

### 1. 施工场地准备

电动葫芦的组装场地应满足结构件拼装和对位连接吊装施工的需要。考虑到电动葫芦横梁结构件和支腿吊装施工现场需要，组装场地在轨道铺设前安装，横梁和支腿的重量对场地没有特殊要求，对承载起吊设备的地面基础不进行硬化处理；支腿采用吊车吊装，测量现场对中和找正水平和高度，应保证 24 m 跨距后进行现场焊接。

## 2. 施工中主要结构件的吊装

### 1）支腿吊装

（1）清理拼装区域内所有障碍物，根据平面布置图，在事先规划的区域放置木垛。用25 t吊车将支腿按顺序吊装分散，并将支腿摆放于已做好标记的基础位置。

（2）测量基础间相互位置和中心距，确定安装尺寸是否符合设计要求。

（3）测量支腿的高度，在地面上切割支腿立柱，除锈打磨保证支腿焊接处整齐光洁。

（4）在支腿顶面的立柱栓2条$\phi$22 mm的钢丝绳，在支腿底面上1 m外侧拴2根揽风绳。

（5）由吊装总指挥发出命令，起钩将支腿吊离地面约0.5 m时停止起钩，摆臂或伸杆调节吊装位置，直至活动支腿吊到达垂直状态。

（6）吊车缓慢下降将支腿吊装到基础上，测量找平对中后将支腿焊接到预埋钢板上。

（7）支腿焊接固定好后，起重工沿爬梯上到捆绑点将钢丝绳解开，拆除吊车。

### 2）横梁吊装

（1）在规划位置放置木垛，用25 t吊车将横梁按顺序吊装分散至规划位置木垛上。

（2）25 t吊车进入指定位置停车，支定支腿，在距主梁中端3 m位置各捆绑1根$\phi$22 mm的钢丝绳，在主梁与钢丝绳接触的棱角处加垫闸瓦或胶皮，以防割伤钢丝绳。同时分别在两端拉2根揽风绳。

（3）利用吊车进行横梁对位，并在横梁支腿连接法兰处穿插定位销（冲钉）进行定位，两端横梁定位完毕后，测量其旁弯和拱度等几何尺寸，符合设计要求后进行下一步操作。

（4）准备好支腿连接螺栓、扳手、小橇棍等工具备用。

（5）按设计要求测量其结构几何尺寸，符合要求后方可拧紧螺栓，螺栓施拧应符合《摩擦型高强度螺栓施工工艺》要求。

在电动葫芦安装过程中，固定支腿、横梁等结构总成是吊装连接施工中的高危环节，容易发生重大安全事故，所以施工组织必须周全，理论计算和分析论证应充分，以确保施工安全可控。电动葫芦主要结构总成部件在吊装连接施工中最关键的工作主要有：确定起吊方式、吊点位置、计算起吊荷载大小、起升高度、起吊变幅半径，确定起吊设备的能力，正确选取钢丝绳直径和长度，吊装过程中的安全防护措施。

## 3. 电动葫芦使用注意事项

### 1）使用前检查工作

（1）在操作者步行范围内和重物通过的路线上应无障碍物。

（2）手控按钮上下、左右方向应动作准确灵敏，电动机和减速器应无异常声响。

（3）制动器应灵敏可靠。

（4）电动葫芦运行轨道上应无异物。

（5）上下限位器动作应准确。

（6）吊钩止动螺母应紧固。

（7）吊钩在水平和垂直方向转动应灵活。

（8）吊钩滑轮应转动灵活。

（9）钢丝绳应无明显缺陷，在卷筒上排列整齐，无脱开滑轮槽迹象，润滑良好。

**2）电葫芦使用中的注意事项**

（1）电动葫芦的工作环境温度为 –25～+40 °C。

（2）绝对禁止在不允许的环境下，及超过额定负荷和每小时额定合闸次数（120 次）情况下使用。

（3）电动葫芦不适用于充满腐蚀性气体或相对湿度大于 85%的场所，不能代替防爆葫芦，不宜吊运熔化金属或有毒、易燃和易爆物品。

（4）电动葫芦不得旁侧吊卸重物，禁止超负荷使用。

（5）在使用过程中，操作人员应随时检查钢丝绳是否有乱扣、打结、掉槽、磨损等现象，如果出现应及时排除，并要经常检查导绳器和限位开关是否安全可靠。

（6）在日常工作中不得人为地使用限位器来停止重物提升或停止设备运行。

（7）在起重机械工作时，不得对起重机械进行检查和检修。不得在有载荷的情况下调整起升机构的制动器。

（8）下放吊物时，严禁自由下落（溜）。不得利用极限位置限制器停车。

（9）使用过程中，发现故障应及时切断主电源。

（10）禁止同时按下两个相反方向的按钮，其他可以同时操纵。

**3）日常检查和使用后的检查**

（1）工作完毕后，关闭电源总开关，切断主电源。

（2）应设专门维修保养人员，每周对电动葫芦主要性能和安全状态检查一次，发现故障及时排除。

（3）电动机风扇制动轮上的制动环，不许沾有油垢，调整螺母应紧固，以免因制动失灵而发生事故。

（4）电动葫芦各润滑部分应及时添加适量的润滑油。润滑油要清洁，不含其他杂质。润滑油约 2 个月更换一次。对起升减速器和运行减速器在使用前一定要添加足够的润滑油。

（5）电动葫芦不工作时，不允许将重物悬挂在空中，以防止零部件产生永久变形。

（6）电动葫芦使用完毕后，应停在指定的安全地方。室外应设防雨罩。

（7）检修起升减速器拆卸时不得使用螺丝刀、扁铲等敲打接合面，应用木锤轻轻敲打箱体凸出部分，以免破坏箱体与箱盖密封平面。

## 4. 电动葫芦在使用期间的保养

（1）新安装或经拆检后安装的电动葫芦（见图 14.16），首先应进行空车试运转数次。但未安装完毕前，切忌通电试转。

图 14.16　施工现场的电葫芦

（2）正常使用前应进行以额定负荷 125%，起升离地面约 100 mm，10 min 的静负荷试验，检查是否正常。

（3）动负荷试验是以额定负荷重量，作反复升降与左右移动试验，试验后检查其机械传动部分、电器部分和连接部分是否正常可靠。

（4）在使用中，绝对禁止在不允许的环境下，以及超过额定负荷和每小时额定合闸次数（120 次）情况下使用。

（5）安装调试和维护时，必须严格检查限位装置是否灵活可靠。当吊钩升至上极限位置时，吊钩外壳到卷筒外壳之间距离必须大于 50 mm（10 t，16 t，20 t 电动葫芦必须大于 120 mm）。当吊钩降至下极限位置时，应保证卷筒上钢丝绳安全圈数，有效安全圈数必须在 2 圈以上。

（6）使用中应特别注意易损件情况。

（7）10 ~ 20 t 葫芦在长时间连续运转后，可能出现自动断电现象，这属于电机的过热保护功能，此时可以下降，过一段时间，待电机冷却下来后即可继续工作。

（8）电动葫芦应由专人操纵，操纵者应充分掌握安全操作规程，严禁歪拉斜吊。

（9）在使用中必须由专门人员定期对电动葫芦进行检查，发现故障及时采取措施，并仔细加以记录。

（10）调整电动葫芦制动下滑量时，应保证额定载荷下，制动下滑量 $S \leqslant V/100$（$V$ 为负载下一分钟内稳定起升的距离）。

（11）钢丝绳的报废标准：钢丝绳的检验和报废标准按 GB/T 5972—1986《起重机械用钢丝绳检验和报废实用规范》执行。

（13）钢丝绳上油时应该使用硬毛刷或木质小片，严禁直接用手给正在工作的钢丝绳上油。

## 四、评价与反馈

### 1. 自我评价与反馈

（1）你是否知道轻小型起重设备的基本分类？（　　）

A. 知道　　B. 不知道

（2）你是否能够独立完成对电动葫芦的使用前检查？（　　）

A. 能够　　B. 在小组协作下能够完成　　C. 不能完成

（3）完成了本学习任务后，你感觉哪些内容比较困难？

________________________________________

________________________________________

________________________________________

签名：__________　　________年________月________日

### 2. 小组评价与反馈

（1）你们小组在接到任务之后是否分工明确？________________________________________。

（2）你们小组每位组员都能轮换操作吗？________________________________________。

（3）遇到难题时你们分工协作吗？________________________________________。

（4）对于小组其他成员有何建议？________________________________________。

参与评价的同学签名：__________　　________年________月________日

### 3. 教师评价及回复

________________________________________

________________________________________

________________________________________

教师签名：

________年________月________日

## 五、技能考核标准

电动葫芦使用期间的保养，评分标准如表 14.4 所示。

表 14.4 电动葫芦的使用与保养

| 序号 | 内 容 | 分 值 | 得 分 |
| --- | --- | --- | --- |
| 1 | 拆卸电动葫芦 | 15 | |
| 2 | 电动葫芦的工作环境检查 | 10 | |
| 3 | 检查各部件使用的灵活度 | 10 | |
| 4 | 吊钩止动螺母的紧固程度以及吊钩的灵活度检查 | 10 | |
| 5 | 上下限位器动作是否准确 | 10 | |
| 6 | 在使用过程中有无检查钢丝绳是否有乱扣、打结、掉槽、磨损等现象 | 10 | |
| 7 | 制动器的灵敏度 | 10 | |
| 8 | 电动葫芦是否保持干净 | 10 | |
| 9 | 工作完毕后，是否关闭电源总开关，切断主电源 | 10 | |
| 10 | 电动葫芦使用完毕后，有无停在指定的安全位置 | 5 | |
| 总 分 | | 100 | |

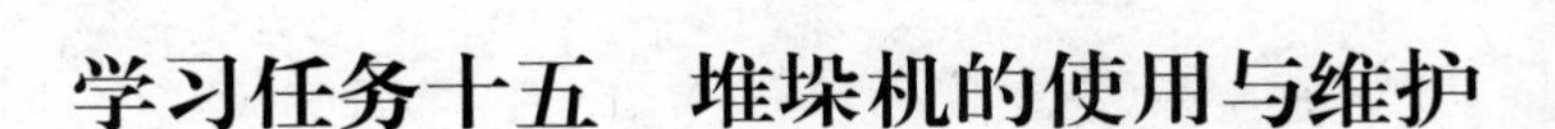

# 学习任务十五　堆垛机的使用与维护

## 一、学习任务描述

| 任务名称 | 堆垛机的<br>使用与维护 | 任务编号 | 15 | 课时 | 10 |
|---|---|---|---|---|---|
| 学习目标 | 1. 了解堆垛机的特点<br>2. 了解堆垛机的分类<br>3. 掌握全自动堆垛机的操作<br>4. 了解堆垛机简单故障的排除 | | | | |
| 考评方式 | 按技能考核标准考核 | | | | |
| 教学组织方式 | 1. 理论准备<br>2. 实践操作<br>3. 评价与反馈<br>4 技能考核 | | | | |
| 情境问题 | 一座立体仓库，需用全自动堆垛机做入库作业。但这架堆垛机有一简单故障，怎么办？ | | | | |

## 二、理论准备

堆垛机是指用货叉作为取物装置，在仓库或车间堆取成件物品的起重机，是一种仓储设备。

堆垛机是立体仓库中最重要的起重运输设备，是代表立体仓库特征的标志。运用这种设备的仓库最高可达 40 m。大多数在 10 ~ 25 m。

堆垛机的主要用途是在立体仓库的巷道间来回穿梭运行。将位于巷道口的货物存入货格，或将货格中的货物取出运送到巷道口。这种设备只能在仓库内运行，还需配备其他设备让货物出入库。

### 1. 堆垛机的特点

（1）堆垛机的结构高而窄，适合于巷道内运行。

（2）堆垛机安装有特殊的取物装置，如货叉或机械手等。

（3）堆垛机的电力控制系统具有平稳、快速和准确等特点，能保证货物快速、准确、安全地取出和存入。

（4）堆垛机有一系列的连锁保护措施。由于工作场地狭窄，稍不准确就可能导致重大安全事故。所以堆垛机上配有一系列机械和电气的保护装置。

## 2. 堆垛机的分类

（1）按照有无导轨可分为有轨堆垛机（见图 15.1）和无轨堆垛机。

图 15.1　有轨堆垛机

（2）按照高度不同可分为低层型、中层型和高层型。低层型堆垛机的起升高度在 5 m 以下，主要用于分体式高层货架仓库及简易立体仓库中；中层型堆垛机的起升高度在 5 ~ 15 m，高层型堆垛机的是指起升高度在 15 m 以上，主要用于一体式的高层货架仓库中。

（3）按照自动化程度不同可分为手动、半自动和自动堆垛机。手动和半自动堆垛机上带有司机室，自动堆垛机不带有司机室，采用自动控制装置进行控制，可以进行自动寻址、自动装卸货物。

（4）按照用途不同堆垛机可分为桥式堆垛机和巷道堆垛机。

## 3. 桥式堆垛机

桥式堆垛机具有起重机和叉车的双重结构特点，像起重机一样，具有桥架和回转小车。桥架在仓库上方运行，回转小车在桥架上运行，如图 15.2 所示。

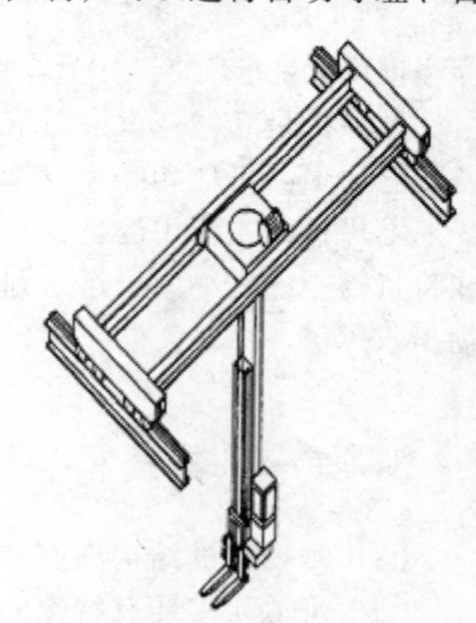

图 15.2　桥式堆垛机

货架和仓库顶棚之间需要有一定的空间，以保证桥架的正常运行。立柱可以回转，以保证工作的灵活性。回转小车根据需要可以来回运行。因此桥式堆垛机可以服务于多条巷道。桥式堆垛机的堆垛和取货是通过取物装置在立柱上运行实现的，因为立柱高度的限制，桥式堆垛机的作业高度不能太高。桥式堆垛机主要适用于 12 m 以下中等跨度的仓库，巷道的宽度较大，适用于笨重和长大件物料的搬运和堆垛。

## 4. 巷道堆垛机

### 1）巷道堆垛机的主要用途

巷道堆垛机是沿着仓库巷道运行、装取成件物品的堆垛机，是由叉车、桥式堆垛起重机演变而来的。桥式堆垛机由于桥架笨重，速度受到很大的限制，仅适用于出入库频率不高或存放长形原材料和笨重货物的仓库。

巷道堆垛机的主要用途是在高层货架的巷道内来回穿梭运行，将位于巷道口的货物存入货格，或者取出货格内的货物运送到巷道口，从而实现所存取货物的空间各方向移动，且操作简便。

### 2）巷道堆垛机的分类

（1）按结构分类。巷道式堆垛机分成无轨巷道堆垛机和有轨巷道堆垛机。

无轨巷道堆垛机又称为高架叉车，是一种变形叉车，机动性比巷道式堆垛机好。无轨巷道式堆垛机可分为上人式（图 15.3）和不上人式两种，驾驶舱随门架同时上升称为上人式，优点是在任何高度都可以保持水平操作视线，保证最佳视野以提高操作安全性。同时由于操作者可以触及货架任何位置的货物，故可以同时用于拣货及盘点作业。

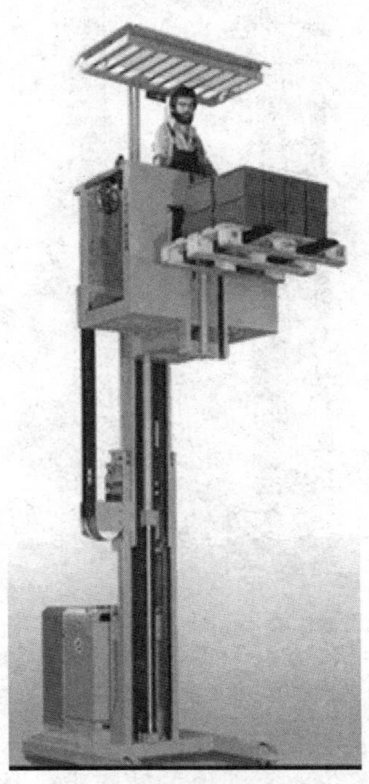

图 15.3　无轨巷道堆垛机

有轨巷道堆垛机，是指可以在较窄的巷道内作业的堆垛机。具有一个升降轨道，堆垛机在轨道上上下升降运行。有轨堆垛机根据金属结构可以分为：单立柱（图 15.4）和双立柱（图 15.5）两种。有轨堆垛机可以在立柱上进行多面旋转，堆高的高度在 6 ~ 24 m。有轨堆垛机占地面积很小，大大提高了仓库内的面积和空间的利用率，利于仓库自动化的运行和管理。

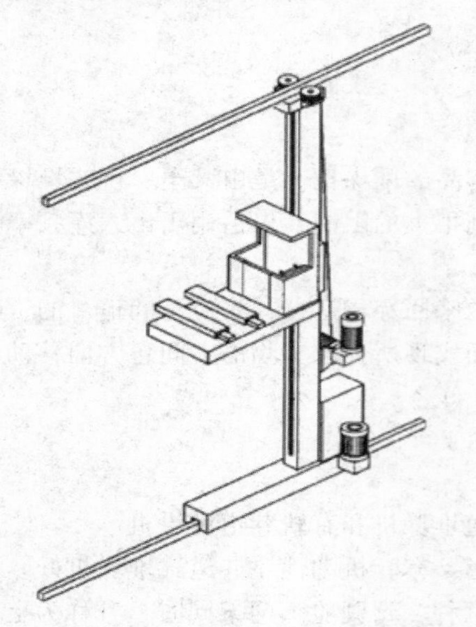

图 15.4　单立柱堆垛机

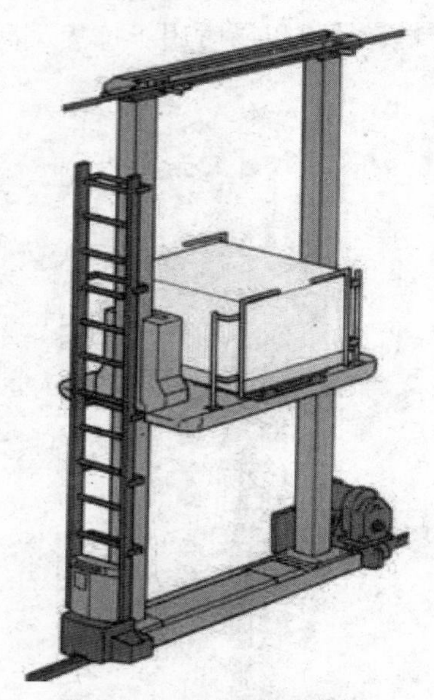

图 15.5　双立柱堆垛机

（2）按支承方式分类。巷道堆垛起重机分成地面支承式、悬挂式和货架支承式几种类型。

地面支承巷道堆垛起重机支承在地面铺设的轨道上，用下部的车轮支承和驱动，上部导轮用来防止堆垛起重机倾倒，机械装置在下横梁，易保养、维修，适用于各种高度及起重量较大的仓库。

悬挂巷道堆垛起重机在悬挂于仓库屋架下弦装设的轨道下翼沿上运行，在货架下部两侧铺设下部导轨，防止堆垛起重机摆动，货架应具有较大的强度和刚度。

货架支承巷道堆垛起重机支承在货架顶部铺设的轨道上，同样在货架下部两侧铺设下部导轨，防止堆垛起重机摆动，适用于起重量和起升高度较小的小型立体仓库。

（3）按用途分类。巷道堆垛起重机分成单元型和拣选型。

单元型巷道堆垛起重机是以托盘或货箱为单元进行出入库作业。自动控制时，堆垛机上可无驾驶员，适用于各种控制方式。

拣选型巷道堆垛起重机是由在堆垛起重机上的操作人员从货架内的托盘单元或货物单元中取少量货物，进行出库作业。堆垛起重机上设有驾驶室，一般为手动或半自动控制，用于“人到货”式拣选作业。

## 三、实践操作

### 1. 巷道堆垛机的使用注意事项

（1）在使用本机前，请检查巷道内是否有异物，以防止损坏堆垛机。

（2）在使用本机时，巷道内不可站人，以免造成伤害。

（3）使用时请不要打开堆垛机控制柜的柜门，以免触电。

（4）当堆垛机载货台升起时，人不要站在下面观望，以免造成伤害。

（5）不要随意变更传感器和行程开关的位置，以防止意外。

（6）不要随意变更货位上托盘和货物的位置，以防止意外。

（7）选择应急工作方式时一定要格外谨慎，注意观察，此时所有保护开关已不起作用。

（8）当工作结束后，一定要先将堆垛机开回原点，关掉总电源，以防止意外。

### 2. 全自动巷道堆垛机的操作

（1）堆垛机操作人员必须经过专业培训，熟悉所操纵堆垛机各机构的构造和技术性能、堆垛机操作规程、规范及有关法令。

（2）操作时，合上电源总闸，堆垛机电机箱和出入库电机箱的电源指示灯亮。

（3）将堆垛机电机箱和出入库电机箱上的手动/自动开关都切换到自动挡且保证急停按钮未按下。

（4）运行立体库操作软件，在报警信息页面中查看当前实际位置是否正确。如不正确，输入正确的位置。

（5）在立体库操作软件任务分配页面中选择要执行的任务，点击开始任务按钮。

（6）等待 5 s 左右，堆垛机会自动完成任务中的全部工作。

### 3. 堆垛机的维护

堆垛机出现故障后，堆垛机电机箱上的蜂鸣器会响，且在立体库操作软件报警信息画面中显示故障信息。这样可以知道系统出了何种故障，更加利于快速排除故障。表 15.1 为常见的故障信息以及排除故障方法。

表 15.1　堆垛机常见故障及排除方法

| 故　障 | 排除方法 |
| --- | --- |
| 条码错误 | 1. 把错误的货物从入库台上拿掉<br>2. 把正确的需要入库的货物放到入库滚筒输送机上<br>3. 等货物经过扫描仪后，再在立体库软件上点击条码错误已纠正<br>4. 等待堆垛机重新起动 |
| 上升超时 | 1. 进入报警信息画面，按故障复位键，使系统恢复正常运行状态<br>2. 将手动/自动切换开关打到手动挡；不定位/定位切换开关打到不定位挡<br>3. 按住下降按钮，使电机下降，再按住上升按钮，使电机上升到前面卡住的上方<br>4. 假如施行第三条不成功，继续施行第三条，直到成功。然后将不定位/定位切换开关打到定位挡<br>5. 按住下降按钮，使电机下降，再按住上升按钮，使电机上升到前面卡住的上方<br>6. 假如施行第五条不成功，继续施行第二条，直到成功<br>7. 将不定位/定位切换开关打到定位挡<br>8. 按住上升或下降按钮，使堆垛机自动停在某一位置<br>9. 将手动/自动切换开关打到自动挡<br>10. 确保实际货叉位置与报警信息画面中显示的位置一致 |
| 下降超时 | 1. 进入报警信息画面，按故障复位键，使系统恢复正常运行状态<br>2. 将手动/自动切换开关打到手动挡，不定位/定位切换开关打到不定位挡<br>3. 按住上升按钮，使电机上升，再按住下降按钮，使电机下降到前面卡住的下方<br>4. 假如施行第三条不成功，继续施行第三条，直到成功。然后将不定位/定位切换开关打到定位挡<br>5. 按住上升按钮，使电机上升，再按住下降按钮，使电机下降到前面卡住的下方<br>6. 假如施行第五条不成功，继续施行第二条，直到成功<br>7. 将不定位/定位切换开关打到定位挡<br>8. 按住上升或下降按钮，使堆垛机自动停在某一位置<br>9. 将手动/自动切换开关打到自动挡<br>10. 确保实际货叉位置与报警信息画面中显示的位置一致 |
| 上下超限/上限报警 | 1. 进入报警信息画面，按故障复位键，使系统恢复正常运行状态<br>2. 将手动/自动切换开关打到手动挡；将不定位/定位切换开关打到定位挡<br>3. 打开堆垛机电机箱门，把电机箱内的上下限位解锁开关合上<br>4. 按住下降按钮，使电机下降自动停止<br>5. 把电机箱内的上下限位解锁开关关闭，再关上堆垛机电机箱门<br>6. 将手动/自动切换开关打到自动挡<br>7. 确保实际货叉位置与报警信息画面中显示的位置一致 |
| 上下超限/下限报警 | 1. 进入报警信息画面，按故障复位键，使系统恢复正常运行状态<br>2. 将手动/自动切换开关打到手动挡；将不定位/定位切换开关打到定位挡<br>3. 打开堆垛机电机箱门，把电机箱内的上下限位解锁开关合上<br>4. 按住上升按钮，使电机上升自动停止<br>5. 把电机箱内的上下限位解锁开关关闭，再关上堆垛机电机箱门<br>6. 将手动/自动切换开关打到自动挡 |

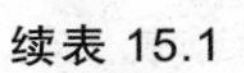

续表 15.1

| 故　障 | 排除方法 |
| --- | --- |
| 货架空，停止出库 | 1. 进入报警信息画面，按故障复位键，使系统恢复正常运行状态<br>2. 查看货架上是否有货。如没有，请把货放到货架上，且确保被货叉上的探空光电开关照到；如有货，那肯定是货叉上的探空光电开关未照到盒子，把盒子往探空光电开关方向慢慢移动，直到探测到为止 |
| 货架有货，停止入库 | 1. 进入报警信息画面，按故障复位键，使系统恢复正常运行状态<br>2. 查看货架上是否有货。如没有，检查探空光电开关是否正常；如有货，拿掉货叉上的货，重新把货叉上的货放回到入库货台的地方，使它重新入库 |
| 出库货台有货，停止出库 | 1. 进入报警信息画面，按故障复位键，使系统恢复正常运行状态<br>2. 查看出库货台上是否有货。如没有，检查探空光电开关是否正常；如有货，查看货台上的货是否被卡住，重新把货叉上的货放回到原来货架出库的地方，使它重新出库 |
| 入库货台空，停止入库 | 1. 进入报警信息画面，按故障复位键，使系统恢复正常运行状态<br>2. 查看入库货台上是否有货。如没有，请把货放到入库货台上，且确保被货叉上的探空光电开关照到；如有货，那肯定是货叉上的探空光电开关未照到盒子，把盒子往探空光电开关慢慢移直到探测到为止 |
| 货叉左伸叉超时 | 1. 进入报警信息画面，按故障复位键，使系统恢复正常运行状态<br>2. 将手动/自动切换开关打到手动挡，将不定位/定位切换开关打到定位挡<br>3. 按住右伸叉，使货叉右移到中间位置自动停止；假如按住右伸叉，货叉无反应，应叫专业技术人员检查堆垛机电机箱体内的左边变频器是否报警，主要显示的故障代码为 F0001。如为报警，请重新上电即可，再按住右伸叉，使货叉右移到中间位置自动停止；假如按住右伸叉，变频器显示 0.00，请联系供应商<br>4. 将手动/自动切换开关打到自动挡<br>5. 确保实际货叉位置与报警信息画面中显示的位置一致 |
| 货叉右伸叉超时 | 1. 进入报警信息画面，按故障复位键，使系统恢复正常运行状态。<br>2. 将手动/自动切换开关打到手动挡；将不定位/定位切换开关打到定位挡。<br>3. 按住左伸叉，使货叉左移到中间位置自动停止；假如按住左伸叉，货叉无反应，应叫专业技术人员检查堆垛机电机箱体内的左边变频器是否报警，主要显示的故障代码为 F0001。如为报警，请重新上电即可，再按住左伸叉，使货叉左移到中间位置自动停止；假如按住右伸叉，变频器显示 0.00，请联系供应商。<br>4. 将手动/自动切换开关打到自动挡。<br>5. 确保实际货叉位置与报警信息画面中显示的位置一致。 |
| 抬货超时 | 1. 进入报警信息画面，按故障复位键，使系统恢复正常运行状态。<br>2. 将手动/自动切换开关打到手动挡；将不定位/定位切换开关打到定位挡。<br>3. 按住下降按钮，使电机下降自动停止，按住左伸叉或右伸叉，使货叉左移或右移到中间位置自动停止。<br>4. 按住上升按钮，使电机上升到前面卡住的上方。 |

续表 15.1

| 故　障 | 排除方法 |
| --- | --- |
| 抬货超时 | 5. 假如不能上升到前面卡住的上方，按下降按钮到下方的任一位置（但不能超过下限），再按住上升按钮，使电机上升到前面卡住的上方。如还是不成功，继续下降上升直到成功。<br>6. 成功后将堆垛机定位到任一位置。<br>7. 将手动/自动切换开关打到自动挡。<br>8. 确保实际货叉位置与报警信息画面中显示的位置一致。 |
| 堆垛机定位不准 | 1. 进入报警信息画面，按故障复位键，使系统恢复正常运行状态。<br>2. 将手动/自动切换开关打到手动挡；将不定位/定位切换开关打到定位挡。<br>3. 按住下降按钮或上升按钮，使货叉下降或上升自动停止，然后按住前进或后退按钮，使货叉前进或后退自动停止。<br>4. 将手动/自动切换开关打到自动挡。<br>5. 确保实际货叉位置与报警信息画面中显示的位置一致。 |
| 其他故障 | 请联系供应商 |

## 四、评价与反馈

### 1. 自我评价与反馈

（1）你是否知道堆垛机的分类？（　　）

A. 知道　　B. 不知道

（2）你是否能够完成对堆垛机简单故障的排除？（　　）

A. 能够　　B. 在小组协作下能够完成　　C. 不能完成

（3）完成了本学习任务后，你感觉哪些内容比较困难？

________________________________________

________________________________________

________________________________________

签名：__________　__________年__________月__________日

### 2. 小组评价与反馈

（1）你们小组在接到任务之后是否分工明确？__________________________

__________________________________________。

（2）你们小组每位组员都能轮换操作吗？__________________________

__________________________________________。

（3）遇到难题时你们分工协作吗？__________________________

__________________________________________。

（4）对于小组其他成员有何建议？＿＿＿＿＿＿＿＿＿＿＿＿＿＿＿＿＿＿＿＿＿＿＿＿＿＿＿＿＿＿＿＿＿＿＿＿＿＿＿＿＿＿＿＿＿＿＿＿＿＿＿＿＿＿＿＿＿＿＿＿＿＿＿＿＿＿＿＿＿＿＿＿。

参与评价的同学签名：＿＿＿＿＿＿　＿＿＿＿年＿＿＿＿月＿＿＿＿日

3. 教师评价及回复

＿＿＿＿＿＿＿＿＿＿＿＿＿＿＿＿＿＿＿＿＿＿＿＿＿＿＿＿＿＿＿＿＿＿＿＿＿＿＿＿
＿＿＿＿＿＿＿＿＿＿＿＿＿＿＿＿＿＿＿＿＿＿＿＿＿＿＿＿＿＿＿＿＿＿＿＿＿＿＿＿
＿＿＿＿＿＿＿＿＿＿＿＿＿＿＿＿＿＿＿＿＿＿＿＿＿＿＿＿＿＿＿＿＿＿＿＿＿＿＿＿

教师签名：

＿＿＿＿年＿＿＿＿月＿＿＿＿日

## 五、技能考核标准

排除货架有货、停止入库故障后，将一托盘货物采用单机自动方式进行入库作业，存入列 2，排 5，层 9 货位。评分标准如表 15.2。

**表 15.2　评分标准**

| 评价项目 | 评分标准 | 分　值 | 得分 |
|---|---|---|---|
| 排除故障 | 未按步骤操作，每次扣 5 分 | 50 | |
| 入库作业 | 未按步骤操作，每次扣 5 分 | 50 | |
| 总　分 | | 100 | |

# 参考文献

[1] 石文明. 物流机械设施与设备[M]. 北京：化学工业出版社，2010.
[2] 陈建平. 仓储设备使用与维护[M]. 北京：机械工业出版社，2011.
[3] 周润，董金炎，龚卫峰. 物流机械设备使用基础[M]. 北京：中国物资出版社，2010.
[4] 孟初阳. 物流机械与装备[M]. 北京：人民交通出版社，2010.
[5] 尹祖德，林同玉. 叉车构造、使用、维修一本通[M]. 北京：机械工业出版社，2013.
[6] 李建成，彭宏春. 叉车驾驶与维护[M]. 北京：机械工业出版社，2013.
[7] 冯爱兰，王国华. 物流技术装备[M]. 北京：人民交通出版社，2008.
[8] 金跃跃，刘昌祺. 物流储存分类机械及使用技术[M]. 北京：中国财富出版社，2012.